사이코패스
뇌과학자

The Psychopath Inside

괴물은 태어나는가,
만들어지는가

사이코패스
뇌과학자

제임스 팰런 지음 | 김미선 옮김

더퀘스트

나의 어두운 본성을 오래전에 깨달았음에도
나를 잘 자라도록 보살펴준 나의 부모,
제니 헨리와 존 헨리에게

괴물은 태어나는가, 만들어지는가

2005년 10월의 가을날, 따뜻한 인디언서머가 남부 캘리포니아에 마지막 자취를 남기는 동안 나는 《오하이오주 형법 저널 Ohio State Journal of Criminal Law》에 제출키로 한 논문을 마지막으로 다듬고 있었다. 〈젊은 사이코패스의 뇌를 이해하기 위한 신경해부학적 배경 Neuroanatomical Background to Understanding the Brain of a Young Psychopath〉은 내가 10년에 걸쳐 분석한 사이코패스 psychopath 살인자들의 뇌 스캔 사진을 기초로 하는 논문이었다. 사진의 주인들은 당신이 상상할 수 있는 가장 나쁜 놈들이다. 이 범죄자들이 여러 해에 걸쳐 저지른 흉악한 짓들을 들으면 당신은 꽁무니를 빼고 달아날 것이다. 내가 비밀 유지 서약을 지킬 필요가 없어서 그 일들에 관해 밝힐 수만 있다면 말이다.

나는 40년 넘게 신경과학자로 일해오면서 많은 뇌 스캔 사진을 봤지만, 이들의 사진은 달랐다. 이 살인자들 뇌에는 전두엽 frontal lobe 과 측두엽 temporal lobe의 특정 부분, 흔히 자제력이나 공감에 영향을 끼치는 뇌 영역의 기능이 떨어지는 드물고 놀라운 공통 패턴이 있었다. 비인간적 폭력을 저지른 뇌이니 이해는 갔다. 이들 뇌 영역의 활동이 저조하다는 건 정상적인 도덕적 추론과 충동 억제력이 부족함을 시사하기 때문이다. 나는 이 패턴을 설명하는 논문을 발표용으로 제출하고 나서는, 그다음 프로젝트로 관심을 돌렸다.

나는 살인자들의 뇌 스캔 사진을 연구하는 동시에, 알츠하이머병 연관 유전자가 있다면 과연 어떤 유전자일지를 탐색하는 연구도 별도로 진행하고 있었다. 연구의 일환으로, 나는 동료들과 함께 여러 알츠하이머 환자뿐만 아니라 우리 가족 여럿의 유전자 검사와 뇌 스캔을 병행해왔다. 우리 가족은 정상 대조군이었다.

이 10월의 같은 날, 나는 자리에 앉아 우리 가족의 뇌 스캔 사진을 분석하다가 사진 더미 속 마지막 사진이 두드러지게 이상한 걸 알아차렸다. 그 사진은 사진의 주인이 사이코패스거나 적어도 사이코패스와 불편할 정도로 많은 특성을 공유함을 시사하고 있었다. 나는 사진 주인이 가족 중 하나일 거라고는 의심하지 않고, 당연히 가족의 뇌 스캔 사진 더미에 어쩌다 다른 테이블 위 사진이 섞였으리라 여겼다. 난 평소에도 한꺼번에 연구를 여럿 진행하는 터라 아무리 일의 체계를 유지하려 애써도 물건이 잘못 놓이는 일이 다반사였다. 불행히도 우리는 스캔 사진을 익명으로 유지하려고 사진마다 암호를 설정해 뇌 사진 주인의 이름을 숨겨놓은 상태였다. 실수한 게 틀림없다고 생각한 나는 연구실 보조연구원에게 암호를 풀어달라고 했다.

그 사진이 누구의 것인지 알아낸 다음에도, 나는 실수가 있다고 믿을 수밖에 없었다. 나는 홧김에 그 보조연구원을 시켜 스캐너뿐 아니라 영상과 데이터베이스를 관리하는 다른 보조연구원들이 남긴 기록까지 모조리 점검하게 했다. 하지만 거기에는 아무런 실수도 없었다.

그 뇌 스캔 사진의 주인공은 나였다.

| 나는 사이코패스다

잠깐만 상상해보자.

화창하고 따뜻한 토요일 아침, 당신은 집 근처 공원을 거닐고 있다. 활기차게 걷다가, 떡갈나무 그늘 벤치에 앉아 있는 더없이 착해 보이는 사람의 옆자리에 앉는다. 당신이 인사를 건네자, 그가 인사를 받고는 날씨가 정말 좋다고, 살아 있다는 게 얼마나 좋으냐고 말한다. 15분 동안 대화를 나누면서, 당신은 그가 어떤 부류인지 알아보고 그도 당신이 어떤 부류인지 알아본다. 당신이 짧은 시간 동안 상대한테서 주워 모을 수 있는 정보는 많다. 직업은 무엇인지, 결혼은 했는지, 했다면 아이가 있는지, 남는 시간에 즐겨 하는 일은 무엇인지를 알게 될 수 있다. 그는 지적이고, 매력적이고 개방적이고 재미있고 아기자기한 이야기를 유쾌하게 풀어내는 대화의 달인처럼 보일 수 있다.

그런데 이 사람이 누구냐에 따라, 다음 15분 동안 더 많은 비밀이 드러날 수도 있다. 예컨대 알츠하이머병 초기 환자라면, 그는 앞서 한 것과 정확히 똑같은 이야기를 정확히 똑같은 표정과 몸짓으로 반복할지도 모른다. 조현병 환자라면, 자리를 이리저리 옮기거나 또는 말하면서 당신에게 지나치리만큼 가까이 몸을 기울일지도 모른다. 당신은 불편해지기 시작해 자리를 뜨고 그가 따라오는 건 아닌지 흘긋 돌아보며 확인할지도 모른다.

벤치에 앉아 있는 남자가 나라면, 당신은 아마도 내가 흥미로운 사람이라고 느낄 것이다. 어느 계통에 몸담고 있느냐고 당신이 묻는다면, 나는 뇌과학자라고 말할 것이다. 당신이 더 조른다면 정신의학과 인간행동학과 교수로서 캘리포니아대학교(이하 UC) 어바인캠퍼스 의과대학의 해부학과와 신경생물학과에 있노라고 말할 것이다. 의대생, 수련의, 대학원생에게 뇌를 가르치며 평생을 보내고 있다고 말이다. 당신이 관심을 보이는 듯싶으면, 내가 하는 성체줄기세포adult stem cell(생물 조직이나 기관의 특수한 기능을 가진 세포로 분화할 수 있는 미분화상태의 신체 줄기세포-옮긴이) 연구와 파킨슨병과 만성 뇌졸중의 동물 모델 연구에 관해 말하고, 우리 연구실 기초 연구에서 생명공학 회사가 셋 생겨났다고, 한 회사는 지난 25년 동안 꾸준히 순이익을 내고 있으며, 또 한 회사는 동종업계 생명공학 회사들이 주는 전국 단위의 상을 받았다라고 말할 것이다.

당신이 여전히 관심을 보이는 것 같으면, 나는 또 미술, 건축, 음악, 교육, 의학 연구에 초점을 둔 여러 조직과 두뇌집단에도 발을 걸치고 있으며, 전쟁이 뇌에 미치는 영향에 관한 미 국방성 자문위원의 명함도 있노라고 얘기할지도 모른다. 당신이 더 캐묻는다면, 내가 출연한 텔레비전 프로그램과 영화를 언급하거나, 왕년에 했던 바텐더, 인부, 교사, 목수 일도 대단히 즐거웠다고, 트럭 운전사 시절의 시효가 지난 전미트럭운전사조합 회원증을 아직도 간직하고 있다는 말을 보탤지도 모른다.

당신은 어느 시점이 되면 속으로 내가 허풍쟁이라고, 심지어는 내가 얘기를 꾸며내고 있다고 생각할지도 모른다. 내가 열네 살 때 뉴욕 올버니 교구에서 올해의 가톨릭 소년으로 지명되었다거나, 고등학교와 대학교 때 다섯 종목의 스포츠 선수였다는 말까지 하면 더더욱 그럴 것이다. 하지만 나를 순 떠버리라거나 상당한 헛소리꾼이라고 생각할지는 몰라도, 당신은 내가 이야기할 때 당신 눈을 들여다보면서 당신이 하는 모든 말을 주의 깊게 듣는다는 사실을 발견할 것이다. 아닌 게 아니라, 내가 당신의 삶, 당신의 의견, 당신의 세계관에 얼마나 흥미를 보이는지를 알면 당신은 깜짝 놀랄지도 모른다.

당신이 나를 다시 만나는 데 동의한다면, 우리는 마침내 친구가 될 수도 있다. 시간이 가면, 나한테서 당신의 심기를 거스르는 것들이 당신 눈에 보일 수도 있다. 다시 말해, 나는 이따금 거짓말을 하다 걸리거나 때때로 당신이 초대한 행사에 나타나지 않아서 당신을 실망시킬지도 모른다. 하지만 나의 가벼운 자기도취증과 주기적으로 발병하는 이기주의에도, 우리는 즐겁게 지낼 것이다. 나도 원래는 보통 남자이기 때문이다.

다만 한 가지, 내가 경계 사이코패스^{borderline psychopath}라는 점만 빼면.

| 인간은 어떻게 만들어지는가

이 책을 쓴 이유는 내 가계의 생물학적·심리학적 배경을 나의 가족, 친구, 동료와 공유하기 위해서다. 이 책은 뇌 영상, 유전학, 정신의학의 포괄적인 과학 데이터를 바탕으로 하지만, 나 자신과 내 과거를 무자비하리만치 솔직하게 털어놓으며 진리에 다가갈 것이다(내 지인들이 이 이야기를 다 읽고 나서 나와 의절하지 않기를). 여기서 내 목표는 단지 이야기를 늘어놓는 데도, 새로운 과학 연구 결과를 뒷받침하는 데도 있지 않다. 나는 나의 이야기를 들려주어, 대중들이 일반적인 이해나 합의는 없으면서도 우리 문화에서 많이 주목받아온 주제를 둘러싼 대화에 주목하게 되기를 바란다. 그 주제란 바로 사이코패시 psychopathy다.

기초과학과 개인사 말고도, 뇌, 유전자, 초기 환경이 어떤 식으로 우리를 사이코패스로 만드는지에 대한 나의 연구와 이론이 이 책에 담겨 있다. 이것들이 독자 개개인뿐만 아니라 양육과 형법이라는 더 큰 영역에서도 쓸모가 있기를 바란다. 이상하게 들릴 테지만, 이 책은 세계 평화를 이루는 데 한몫할 수 있을 것이다. 나는, 가자지구에서 로스앤젤레스 동부에 이르기까지 폭력이 만성이 된 지역에서는 여자들이 보호를 받고자 나쁜 남자들과 짝을 지음으로써 공격적 유전자를 퍼뜨리고 폭력성을 높이는 고리를 되풀이하기 때문에 사이코패시 연관 유전자가 집중되는지도 모른다는 가설을 세웠다. 사변적이긴 하지만 고려하고 더 연구해야 할 중요한 발상이다.

나는 뇌의 해부 구조와 기능을 연구하는 충실한 신경과학자이고, 이 사실이 내가 어른이 되어 사는 내내 나의 행동관, 동기관, 도덕관을 만들었다. 인간은 정밀한 기계다. 우리가 그 기계를 온전히 다 이해하는 건 아니지만, 나는 인간의 행동과 정체성에서 스스로 좌우할 수 있는 부분은 매우 적다고 수십 년 동안 믿어왔다. 내가 볼 때 인격과 행동은 본성(유전)이 80퍼센트 정도를 결정하고 양육(성장 환경)은 20퍼센트밖에 결정하지 않는다.

하지만 이 견해는 2005년 무렵부터 통렬하고 조금은 당혹스러운 일격을 당하기 시작했고, 나는 계속해서 과거의 믿음을 현재의 혼란과 화해시키고 있다. 나는 인간이 태생적으로 복잡한 동물임을 전보다 훨씬 더 깊이 이해하게 되었다. 인간의 행동, 동기, 욕망, 욕구를 절대원칙으로 환원하는 일은 인류에게 몹쓸 짓이다. 인간은 선하지 않으면 악한, 옳지 않으면 그른, 친절하지 않으면 앙칼진, 무해하지 않으면 위험한 존재가 아니다. 단순히 생물학의 산물도 아니며, 과학은 우리에게 이야기의 일부만 들려줄 뿐이다.

이제 그 이야기의 보따리를 풀어보자.

차례

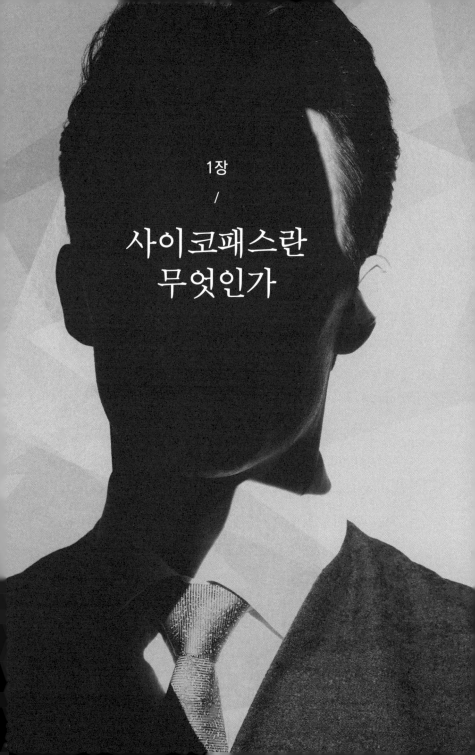

1장

/

사이코패스란
무엇인가

"도대체 사이코패스가 뭘까?"

나의 뇌 스캔 사진을 보고 나서, 과학자인 나는 경각심보다는 호기심이 일었다. 내가 정말로 사이코패스인지 알아보려 정신의학계 동료들에게 "도대체 사이코패스가 뭔가"라는 질문을 던지기 시작했다. 가장 권위 있는 연구자들에게 물었는데도, 만족스러운 답은 얻을 수 없었다. 몇 명은 사이코패스란 아예 존재조차 않는다고, 사이코패스를 정의하라는 건 신경쇠약을 정의하라는 것과 같다면서 질문을 일축해버렸다. 사이코패스란 사람들이 일반적으로 쓰는 표현이지만, 과학적이거나 전문적인 의미가 있는 건 아니라고 말이다(채소와 마찬가지다. 채소란 임의적인 요리 용어이지 생물학 용어가 아니다). UC 어바인의 동료이자 유명한 정신의학자인 내 친구 파비오 마치아르디 Fabio Macciardi는 "사이코패스라는 정신의학적 진단명은 없어"라고 했다. 내가 좀 더 조르자 그는 이렇게 설명했다. "편람에서 사이코패스와 가장 가까운 건 인격장애, 그러니까 반사회적인격장애^{antisocial personality disorder}야. 하지만 그것도 딱히 자네가 찾는 대상은 아니지."

마치아르디가 언급하는 편람은 《정신질환 진단 및 통계 편람 ^{Diagnostic and Statistical Manual of Mental Disorders}》으로, 흔히 DSM이라고 부른다. 정신의학자와 심리학자에게는 이 책이 곧 성경이다. DSM은 미국정신의학회^{American Psychiatric Association}가 합의한 모든 정신장애를 약술하고, 정의하고, 분류하여 전문가가 따라야 할 진단의 기준을 제공하는 책이기 때문이다. DSM은 식욕부진^{anorexia}에서 조현병 ^{schizophrenia}까지 광범위한 질환을 분류하지만, 사이코패시^{psychopathy}는 다루지 않고 있다. 마치아르디가 가리킨 '반사회적인격장애'의 정의는 대략 이렇다. '15세 이후에 타인의 권리를 무시하거나 침해하는 광범위한 행동양식을 드러낸다. 주로 다음 7개 중 3개(또는 그 이상) 항목에 해당한다. 사회규범을 지키지 못한다. 사기성이 있다. 미리 계획을 세우지 못한다. 쉽게 흥분하며 공격적이다. 타인의 안전을 무시한다. 무책임하다. 자책할 줄 모른다.' DSM 밖으로 나가면, 사이코패스의 조건에 대한 의사와 연구자들 나름의 많은 정의가 있다. 문제는 정의가 다 다르고 어떤 정의도 확정된 게 아니라는 점이다.

의학의 진단 기준이 관례적임을 고려하면, 사실 사이코패시를 둘러싸고 논란이 그토록 많은 것도 이상할 게 없다. 비만, 당뇨병, 고혈압 같은 증세는 환자를 가려내기가 쉽다. 이런 병들은 증상이 잘 알려져 있고 검사하기도 쉽기 때문이다. "인슐린 수치가 낮아서 몸의 당 대사 능력이 떨어지나요? 당신은 당뇨병입니다." 하지만 마음의 병에 대해서는 똑같이 말할 수가 없다.

무엇보다 정신장애는 도대체가 병으로 여겨지질 않는다. 병이란 특정한 장애의 원인(병인학)과 그로 인해 몸에 나타난 증상(병리생리학)에 대한 지식을 기초로 한다. 다른 기관 계통에 생기는 여러 질병과는 달리, 마음의 병은 이러한 호사를 누리지 못한다. 관련 병리생물학 메커니즘에 대해 우리가 아는 게 너무나 적은 탓이다. 뇌의 작동 방식을 이해하는 데서 진전이 있었다 해도, 뇌라는 기관은 아직도 우리에겐 미스터리다. 그래서 정신의학 문제들은 대부분 장애disorder 아니면 증후군syndrome으로 불린다. 사이코패시는 장애에서 병으로 올라가는 사다리에서도 가장 아랫단에 있다. 사람들 간에 사이코패시를 정의하는 조건(또는 사이코패시가 정말 존재하기는 하는가)에 의견이 일치하지 않아서 사이코패시의 기초 원인이 무언지 전문적 합의가 이뤄지지 않았기 때문이다.

원인도 없이 특성 점검표만으로 사이코패시를 확인하거나 정의하려는 일은 휴대용 조류도감으로 새를 보는 것과 같다. 날고 먹고 소리를 내는 건 새일 수도 있지만 박쥐나 곤충일 수도 있는 만큼, 그것이 정말로 무엇이라고 못 박을 일은 아니다.

사이코패시 같은 정신장애를 검사하는 정해진 방법 따위는 없지만, 환자의 정신 상태에서 일부 양상을 판정할 수는 있다. 양전자방출단층촬영positron emission tomography, PET과 기능적자기공명영상functional magnetic resonance imaging, fMRI 촬영 같은 영상 기법, 유전자 검사, 행동 검사, 심리측정 검사 등 온전한 한 벌의 의학적·정신의학적 정밀검사로 정보의 조각들을 수집해 그의 뇌를 조사하면 된다. 이들 검사를 종합하면 정신장애를 가리킬지도 모르는 증상들이 드러날 수 있다. 정신장애는 흔히 증상이 하나 이상인 게 특징인 만큼, 환자는 증상의 다양성과 중증도를 기초로 진단될 것이다. 장애 진단 대부분은 환자가 경증인지, 보통인지, 중증인지를 표시하는 등급별로도 분류된다('등급'은 흔히 스펙트럼이라고도 불린다). 이러한 장애와 연관되는 가장 일반적인 스펙트럼장애spectrum disorder는 자폐스펙트럼장애autism spectrum disorder다. 이 스펙트럼의 하단 끝에는 언어 학습 지체와 관심사의 편협이 있고, 상단 끝에는 강한 반복행동과 소통 불능이 있다.

| 완전하지는 않은 사이코패스 진단법, PCL-R

사이코패시가 진정한 장애인가, 그렇다면 사이코패시를 어떻게 정의할 것인가를 놓고는 논쟁이 있지만, 의학계에서 인정하는 어느 정도의 매개변수는 있다. 가장 유명하고 널리 사용되는 PCL-R Psychopathy Checklist-Revised(사이코패시 진단표-개정판) 검사는 사이코패스 검사 또는 그 개발자인 캐나다의 정신과의사 로버트 헤어 Robert Hare의 이름을 따서 헤어 진단표로도 알려져 있다. PCL-R은 전체 20개 항목별로 사이코패스 특성이 존재하지 않는다(0점), 부분적으로 존재한다(1점), 확실히 존재한다(2점)로 점수를 매긴다. 검사에서 40점 '만점'을 받은 사람은 명백한 사이코패스다. 30점이 진단을 내리는 경계선이지만, 25점을 기준으로 할 때도 있다. 점수는 보통 임상의가 피험자와 면담하는 동안에 검사 등급 진단 훈련을 받은 사람이, 때로는 전과와 병력과 제3의 보증인을 참고하여 매긴다. 이 평가는 피험자를 잘 아는 누군가가, 피험자가 출석하지 않은 상태에서 내릴 수도 있다.

사이코패시 특성은 네 가지 범주 또는 '요인'으로 분류할 수 있다. 대인관계 요인에는 피상성, 과대망상증, 사기성의 특성이 포함된다. 정서 요인에는 가책의 부재, 공감의 부재, 행동에 대한 무책임이 포함된다. 행동 요인에는 충동성, 목표의 부재, 낮은 신뢰도가 포함된다. 반사회 요인에는 성급함, 청소년 비행 전력, 전과가 포함된다. 반사회적인격장애는 사이코패시와 관계는 있지만 그보다 훨씬 흔하고 성격에 근거한 문제보다는 밖으로 드러나는 파괴적 행동을 재는 척도다. 사이코패시 점수는 범죄의 상습성, 심각성, 고의성을 더 잘 예측한다.

사이코패시는 아무나 평가할 수 있는 게 아니다. '공식' 진단이 아니라 자기가 직접 기입하는 검사들도 있는데, 그런 진단표에 올라 있는 전형적 진술은 보통 다음과 같을 것이다. "약삭빠르고 간사하고 음흉하고 교활할 수 있다. 필요하다면, 기만적이고 비양심적이고 불공정하고 영악하고 부정직할 수도 있다." 이런 진술들도 있을 수 있다. "때때로 기발하고 짜릿하고 흥분되는 자극에 강한 욕구를 느낀다. 쉽게 지루함을 느낀다. 그래서 결국 기회를 보아 위험한 일을 할지도 모른다. '끝장을 볼 때까지' 일을 하거나 오래도록 같은 직장에 머무르는 일을 매우 어렵게 느낄 수 있다." "남들을 의도적으로 이용하거나 조종해서 상당한 돈을 번 적이 있다. '고전적' 형태의 일에는 흔히 동기가 생기지 않거나, 자제력에 문제가 있거나, 책임을 완수할 수 없다고 느낀다."

PCL-R에 나타나는 사이코패시의 다양한 정도를 보여주기 위해 나는 대중문화를 자주 언급하는데, 사실 영화와 책에는 사이코패스에 대한 묘사가 가득하지만, 어떤 묘사는 정확하고 어떤 묘사는 덜 정확하다. 가장 극단적이고 우스꽝스러운 예는 더러운 이빨에 뿌연 애꾸눈을 한 인물이 주인공으로 나와서는 자신이 위험한 존재임을 물씬 풍기며 당장에 오싹함을 유발하는 공포영화다. 〈나이트메어 A Nightmare on Elm Street〉 시리즈의 주인공 프레디 크루거나 〈텍사스 전기톱 연쇄살인사건 The Texas Chain Saw Massacre〉에 나오는 가족을 생각해보라. 크리스천 베일이 동명 소설을 영화로 각색하고 주연을 맡은 〈아메리칸 사이코 American Psycho〉 속 주인공 패트릭 베이트먼마저도 진정한 사이코패스를 대변하지 않는다. 그는 지나치게 폭력적이어서 현실감이 없다. 이들은 희화화한 인물일 뿐, 아무리 폭력적인 범죄자라 해도 그토록 명백하게 제정신이 아닌 사례는 드물다.

어느 정도 합당한 인격 묘사로는 〈좋은 친구들 Goodfellas〉에서 조 페시가 연기한 토미 드비토, 〈블루 벨벳 Blue Velvet〉에서 데니스 호퍼가 연기한 프랭크 부스를 들 수 있다. 둘 다 비교적 평범하게 생긴, 당신이 길거리에서 지나친다 해도 두 번 다시 떠올리지 않을 사내들이다.

하지만 이 두 사람은 심각한 정신장애자로서 결국에는 타고난 공격성을 제어하지 못한다. 자신의 폭력적인 행동에 후회나 동정을 내비치는 일도 거의 없다. 토미와 프랭크는 PCL-R 점수도 높을 것이다. 토미는 주위의 흥을 돋우면서 자신의 매력을 발산한다. 그러다가 문득 정색하며 "지금 내가 웃기다는 거야?"라는 질문을 던져 상대방을 이러지도 저러지도 못하게 한다. 어차피 정답 따윈 없다. 사이코패스는 사람들을 방어할 수 없는 처지에 빠뜨릴 수도 있다. 토미가 한 남자의 발을 쏜 다음 그에게 그까짓 걸로 유난을 떤다고 욕을 해대며 카드 게임을 하는 장면도 있다. 또한 사이코패스는 살인을 한 뒤, 흔히 다른 사람이 그 일을 한 것처럼 느낀다거나, 희생자가 방아쇠를 당기게끔 자기를 부추겼노라고 말한다. 그들 자신에게서 분리되어 저도 어쩔 수 없는 힘에 떠밀려 행동했다고 느끼는 것이다. 토미 역시 남자의 발을 쏜 사건을 '사고'라고 부른다. 모든 사이코패스가 충동적이거나 물리적인 폭력성을 보이는 건 아니지만, 일부는 토미와 프랭크처럼 행동한다.

내가 가장 좋아하는 예는 브라이언 콕스와 윌리엄 피터슨이 주연한 1986년 영화 〈맨헌터 Manhunter〉에 나온다. 콕스가 연기하는 한니발 렉터는 식인 습성이 있는 연쇄살인범으로, 나중에 〈양들의 침묵 The Silence of the Lambs〉과 〈한니발 Hannibal〉에서 앤서니 홉킨스의 연기로 부활해 더 유명해졌다.

렉터는 공감을 모르고 말솜씨와 매력으로 사람들을 농락하며 자신의 끔찍하고 사악한 행동에 양심의 가책이라곤 눈곱만큼도 느끼지 못하는 게 특징이다. 한마디로 그는 많은 사람이 고전적 사이코패스로 여길 만한 인물이고 PCL-R 점수 또한 아마 높을 것이다. 렉터를 닮은 실제 사이코패스들은 더 선정적이고 극단적이다. 17명의 남성과 남자아이를 죽이고 그 시체를 잘라 먹었다고 알려진 제프리 다머^{Jeffery Dahmer}, 약 4년 동안 최소 30명의 여성을 납치 또는 강간한 뒤 잔혹하게 죽인 것으로 알려진 테드 번디^{Ted Bundy}, 경찰에게 '샘의 아들'이라는 이름으로 범행을 예고하고는 무차별 총격으로 사람들을 죽이거나 다치게 한 데이비드 버코위츠^{David Berkowitz}가 그 예다.

하지만 헤어에 따르면, 범주가 완전히 다른 사이코패스들도 있다. 이들은 PCL-R 점수는 높지 않지만, 그래도 고전적 사이코패스의 특성을 지녔다는 강한 징후를 보인다. 윌리엄 피터슨이 연기한 〈맨헌터〉의 영웅, 그러니까 FBI 프로파일러 윌 그레이엄과 같은 사람이 이런 부류다. 그레이엄은 자신이 렉터와 같은 충동을 지녔고 또 렉터처럼 사람에게 공감하지 못함을 깨닫는다. 살인자는 아니지만 사실상 사이코패스거나 적어도 사이코패스에 가까운 사람으로, 내가 즐겨 부르는 말인 사이코패스 아류^{psychopath lite}에 해당한다. 그레이엄은 PCL-R로는 15점, 아니 어쩌면 23점을 받을지도 모른다. 완전한 사이코패스로 진단받는 경계 점수인 30점에 조금 못 미치는데, 그것만 빼면 당신은 그가 완전히 정상이라고 생각할지도 모른다. 아내 다이앤과 함께 1986년에 〈맨헌터〉를 보았을 때, 아내는 그레이엄을 가리키며 말했다. "저 사람 당신이네."(당시 그 말에 약간 아찔했지만, 나는 아내가 그레이엄을 정말 상냥하고 속 깊은 사내라고 생각하는 것으로 이해했다.)

명백한 사이코패스, 다시 말해 헤어의 PCL-R 점수가 30점 이상인 사이코패스는 지금껏 테스트 대상 여성의 약 1퍼센트와 남성의 3퍼센트밖에 되지 않는다. 하지만 PCL-R은 분류 체계가 광범위함에도, 어쩌면 그 점 때문에 뜨거운 논쟁의 대상이 돼왔다. 이는 의학이나 과학의 새로운 분야에서는 일상적인 일이다. 폭넓게 가지를 친 다양한 분야의 동료들끼리 과학을 주제로 모일 때마다 그리고 복도와 술집에서 우연히 대화를 나눌 때마다 피할 수 없이 그 증세의 본질을 놓고 논쟁하게 된다.

한 가지 비판은 PCL-R이 계급과 민족성을 고려하지 않는다는 점이다. 범죄가 들끓는 LA 도심에 있는 하류계급 동네에서의 규범적 행동과 미네소타 상류계급 동네에서의 규범적 행동은 다르다. PCL-R이 폭력성을 얼마나 잘 예측하는가를 둘러싸고도 논쟁이 있다. 스웨덴의 룬드대학교, 고센버그대학교, 웁살라대학교의 메르타 발리니우스[Märta Wallinius]와 그 동료들은 2012년에 PCL-R이 폭력적 행동을 예측하는 데서 반사회 측면(성급함 등)은 분명히 효과적이지만, 대인관계 측면(피상성 등)은 전혀 그렇지 못함을 보여주었다. 형사사법 제도는 이런 연구 결과에 관심이 각별하다.

사이코패스는 존재 여부부터 논쟁거리지만, 정신의학자들은 일반적으로 우리가 사이코패스라 지칭하는 사람들을 정의하는 특성 하나가 '대인 공감의 부재'라는 점에는 동의한다. 사이코패스는 감정의 운동장이 평평하다고나 할까. 우리는 대부분 사랑하고 사랑받기를 원하지만, 사이코패스는 그런 욕구가 별로 없을 것이다. 사이코패스는 대개 사람을 능숙하게 조종하고, 둘째가라면 서러운 거짓말쟁이에다, 말재주가 상당하고 상대가 경계심을 풀 만큼 매력적일 수 있다. 사람들 대부분과 달리 결과를 두려워 않을 수도 있다. 거짓말이나 폭력적인 행위를 하는 동안은 누구나 그렇듯 붙잡힐까 봐 긴장도 할 수 있지만, 사이코패스 중 일부는 냉정하게 침착함을 유지한다. 가장 위험한 사이코패스라도 때로는 명랑하고 근심 걱정 없으며 사교적으로 보일 수 있지만, 결국에는 뚜렷한 거리감, 소리 없는 냉담함, 타인에 대한 무관심을 드러낼 것이다. 사이코패스는 흔히 충동적이지만 죄책감과 양심의 가책 따윈 느끼지 않는데, 이는 당신을 끌어들여 무모하고 위험하기까지 한 장난에 동참하게 하고는 누가 다친다 해도 정작 본인은 어깨를 으쓱하고 말 거라는 뜻이다.

PCL-R은 사이코패스를 확인하는 데서 훌륭한 출발점이긴 하지만 완벽한 척도는 아니다. 나라면 0~2점 가운데 한 값을 가진 스무 가지 특성을 합산하는 대신, 각각을 0~5점으로 채점하고 수학적 모델을 써서 특성별로 가중치를 다르게 줄 것이다. 점수나 모 아니면 도인 '예-아니오' 식 진단 결과 외에 개인별 프로필이 있다면 금상첨화일 것이다. 키와 몸무게만으로 건강이나 비만을 판정할 순 없다. 운동을 하는지, 무얼 먹고 마시는지에 따라 당신은 과체중이지만 대단히 건강할 수도 있다. 당신을 잘 아는 의사라면 그 모두를 따져볼 것이다.

수집한 한 묶음의 행동을 한 가지 장애로 요약하는 일도 어렵기는 매한가지다. 이를테면 연극성인격장애histrionic personality disorder, 자기애성인격장애narcissistic personality disorder, 반사회적인격장애처럼 정신장애 증세 사이에는 겹치는 부분이 많다. 그리고 누구나 다 약간은 사이코패스적이고 약간의 주의력결핍과잉행동장애attention deficit/hyperactivity disorder, ADHD 등을 가지고 있다. 정신의학이 단정적 사고에서 벗어나고 있기는 하지만(최근의 DSM은 장애에 대해 '차원^{dimension}'을 이야기한다), 이는 의사들이 새로운 방법을 배우기 싫어하고, 의료보험회사들이 특정한 진단에 의존할 필요가 있으며 모든 사람이 토론의 종결과 명확히 정의된 딱지를 좋아하는 한은 어려운 일이다. 사이코패시는 마치 예술과 같다. 정의할 수는 없지만, 보면 안다는 말이다.

사람들이 흔히 묻는 질문이 있다. 바로 소시오패스^{sociopath}와 사이코패스에 차이가 있느냐는 것이다. 많은 심리학자가 둘 다의 존재를 부인한다는 사실을 제쳐두면, 임상 배경의 차이는 순전히 그 의미에 있다. 로버트 헤어가 지적했듯이, 사회학자는 장애가 환경적으로나 사회적으로 조정이 가능한 측면에 초점을 맞추고자 소시오패시라는 용어를 선호하는 반면, 심리학자와 정신의학자는 진단을 내릴 때 사회 요인뿐만 아니라 유전, 인지, 감정 요인 또한 포함하기를 선호해서 사이코패시를 택한다. 나는 뇌과학자이고 인격장애의 유전적 원인과 신경적 원인에 관심이 있는 터라, 이 책의 목적을 위해 사이코패시와 사이코패스라는 용어를 쓰려 한다. 그리고 그 용어들을 써서 PCL-R의 네 가지 측면, 즉 대인관계 특성, 정서 특성, 행동 특성, 반사회 특성이 얼마간씩 조합된 사람들을 묘사할 것이다.

| 나는 정말 사이코패스일까?

나는 1968년 대학 2학년 때 영화 〈찰리 Charly〉를 본 뒤로 줄곧 뇌에 관심이 있었다. 영화는 한 지적 장애인이 의지력으로 자기 인생을 바꾸고 학습하는 법을 배운다는 이야기다. 주인공은 일시적으로 천재가 되는 법도 배운다. 그의 분신인 실험실 생쥐에게 했던 새로운 뇌수술을 받은 뒤에 말이다. 행동의 생물학적·화학적 기초에 선견지명이 있는 이 영화는 나의 진로를 분명하게 제시해주었다.

나는 평생 뇌의 많은 측면을 연구해왔다. 연구자는 대부분 비교적 좁은 분야를 전문적으로 연구하는 경향이 있지만, 나는 줄기세포에서 수면 박탈sleep deprivation에 이르기까지, 온갖 종류의 영역에 관심사가 걸쳐 있다.

내가 사이코패시를 연구하기 시작한 건 1990년대, UC 어바인의 정신의학 및 인간행동학과 동료들이 나에게 연쇄살인범을 포함한 유달리 난폭한 살인자들의 PET 스캔 사진을 분석해달라고 부탁했을 때다. 그 살인자들은 형사소송 법정에서 막 유죄 판결을 받았고 형량 선고를 앞두고 있었다. 법 절차 도중에 살인자가 자신의 뇌를 스캔하는 데 동의하는 대부분의 시기가 바로 이때다. 흔히 살인자들은 뇌 손상이 발견되어 자신의 형이 더 가벼워지기를 바란다.

이미 언급했듯이 우리는 사이코패시에 관해 아는 게 매우 적다. 스캔 기술마저 없었다면 아마 훨씬 더 적을 것이다. 사이코패스가 걱정과 후회를 가장하기는 쉽지만, 그럴 때 뇌는 다른 이야기를 한다. 2005년 10월의 그날, 바로 이 연구를 하고 있다가 발견한 나의 뇌 스캔 사진이 그러하다. 그 사진은 공감과 윤리를 담당하는 영역들의 활동이 저조함을 가리키고 있었다.

당신은 내가 겁을 먹었거나 걱정했거나 당황했을 거라고 추측할지도 모른다. 하지만 나는 그러지 않았다. 나는 내가 어떤 사람인지 잘 알고 있었으니까. 나는 끔찍이 사랑하는 세 아이를 둔 행복한 유부남이었다. 폭력을 휘둘렀거나 남을 농락했거나 위험한 범죄를 저지른 적은 한 번도 없었다. 나는 한니발 렉터처럼 대단한 유형도 아니었다. 다시 말해 아무것도 모르는 환자들을 잘 조종해서 자기 이익을 챙겨보고자 환자들의 마음을 연구하는 명망 높은 뇌과학자가 아니었다. 제기랄, 나는 연구자라서 환자조차도 없었단 말이다!

하지만 나의 뇌 스캔 사진이 전에는 완전히 이해하지 못했던 무언가를 말해주는 건 사실이었다. 나는 사이코패스의 마음을 들여다보는 연구를 마치고 그 연구의 개요를 밝히는 논문을 막 제출한

참이었다. 사이코패시의 신경해부학적 기초를 설명하는 이론을 펼치고 내가 직접 찾아낸 패턴을 확인하는 논문이었다. 그래 놓고 내가 무슨 수로 나의 뇌를 방금 보고한 연구 결과와 화해시킬 수 있을까? 나는 정말로 내가 찾은 규칙의 예외일까? 내가 사이코패스가 아니라면, 그럼 뭐지? 게다가 모든 생각과 행동을 책임지는 바로 그 뇌에 관한 연구를 전적으로 신뢰할 수 없다면, 어떻게 우리가 진정 누구인지를 이해할 수 있을까?

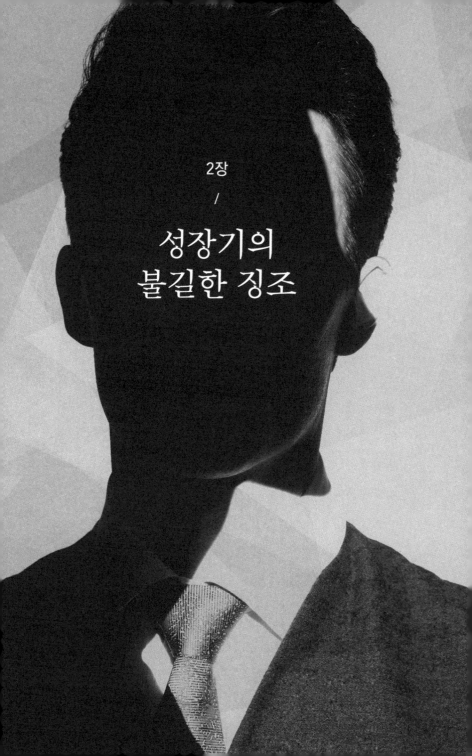

2장

/

성장기의
불길한 징조

대중매체와 대중문화는 사이코패스 기질이나 장애가 있는 아이가 성장해서 무자비한 살인자가 되는 그림을 오랜 세월에 걸쳐 훌륭하게 완성해왔다. 잠깐만 생각해보라. 학교에서 총기 난사가 발생하고 나면 범인의 친구, 가족, 급우, 교사들은 무언가 발생할 것이라는 경고성 징후들을 예측했어야 한다고 통감한다. 자기 아이에게서 비정상 행동이나 반사회 행동의 징후를 본 부모들은 치료법이나 처방약으로 모든 위험의 싹을 잘라주기를 바라며 당장 의사를 부른다.

　　처음에 나의 뇌 스캔 사진에 대해 심각하게 생각하지 않았던 이유가 바로 여기에 있다. 나는 어린 시절이 행복했던 터라서, 내가 다른 소년들과 달랐다는 징후들은 내 연구와 개인적 발견의 맥락에서 몇 가지 일화들을 되돌아보고 나서야 보이기 시작했다.

나는 1947년 10월 18일 오전 7시 7분에 뉴욕 포킵시에서 약 3.4킬로그램으로 태어났다. 나는 미신을 믿지 않지만, 내 행운의 숫자는 자연히 언제나 7이었다. 이미 네 번이나 유산을 경험한 부모님에게 임신은 불안이 가득한 일이었지만, 결국 나는 무사히 태어났다. 부모, 고모, 삼촌들, 조부모의 말로는, 나는 아기 때나 아장아장 걸을 때 늘 밝았지만 형인 잭이 돌아버릴 때까지 울어야 직성이 풀렸다고 한다.

어머니와 가족 몇 사람의 말에 의하면, 나는 '귀엽고 밝은 아기'였을 뿐만 아니라 행동에도 문제가 없었다. 비록 두 살 때 발병한 심각한 천식이 치료되지 않아 오늘날까지 날 따라다니지만 말이다. 며칠씩 계속되던 호흡곤란이 나에게는 맨 처음 떠오르는 가장 질긴 기억이기도 하다. 최근에 어머니께 내가 사춘기 전까지 성격이 어땠느냐고, 이 시기 어떤 식으로든 나의 행동이 변하거나 이상하지는 않았느냐고 여쭌 적이 있다. 어머니는 형용사로 치자면 이 기간 내내 내가 "귀엽고, 사랑스럽고, 당돌하고, 짓궂고, 호기심 많고, 재주 많고, 유쾌하고, 영특하고, 호감 가고, 상냥한 개구쟁이"였다고 말하고는 토를 달았다. "골칫거리이기도 했지. 마음에 드는 걸로 고르려무나."

가족들은 오랜 세월 나의 어린 시절에 관해 이런저런 비슷한 얘기를 들려주었다. 가족들은 아장아장 걷던 시절에 내가 정말 예뻤다고, 할아버지가 나를 '예쁜 아기 전국 콘테스트'에 내보냈을 정도였다고 했다. 아버지는 어딜 가든 날 데리고 다녔고, 이 유대는 계속됐다. 아버지는 심지어 내가 청소년이 된 뒤에도 술집에 데리고 가서 당구나 다트나 셔플보드 게임을 한 다음, 바 주인과 이야기를 나누곤 했다. 아버지와 나는 함께 낚시 여행을 다녔고, 때로는 낚싯배에서 밤을 새우기도 했다. 아버지는 내가 세 살이던 1950년에 사라토가 스프링스에서 시작된 서러브레드 경마(기수가 직접 서러브레드종을 모는 경주-옮긴이)와 하니스 경마(기수가 탄 1인승 2륜 마차에 스탠더드브레드종을 연결해서 달리는 경주-옮긴이)에도 나를 데려가기 시작했는데, 그 뒤로 나는 내리 63년 동안 8월마다 사라토가 경마에 한 번도 빠지지 않았다. 또 틈만 나면 송어 낚시를 한다. 나는 어머니와도 가까워서, 매우 어린 나이에 어머니에게서 요리와 바느질과 다림질을 배웠다.

내가 네 살이던 1951년에는 가족이 포킵시에서 이사해, 나는 이듬해 뉴욕 코호스에 있는 세인트패트릭학교 부속유치원을 다니기 시작했다. 수녀들이 가르치는 가톨릭 초등학교는 별 사건 없이 행복한 시간을 보내게 해주었다. 아, 한 사건이 있긴 했다. 1학년 때 첫 영성체 예식을 치르는 동안 내가 우스갯소리를 시작하자 선생이 나를 15분 동안 쓰레기통 속에 앉혀놓았다. 같은 반 친구 중 일부는 허공에 발을 대롱거리는 나를 겁먹은 눈으로 쳐다보았지만, 멍청한 두어 녀석은 터져나오는 웃음을 꾹 참고 있었다. 또렷이 기억하는데, 나는 그 상황이 우습다고 생각한 터라 반 친구들에게 똑같이 멍청한 표정으로 화답했다. 그 순간 나의 학급 광대 경력이 시작되었다고 생각하는데, 광대 기질은 아직도 떨쳐내지 못했다. 나는 쉰여덟 때에도 유명한 텔레비전 방송국 뉴스 진행자와 감수성에 관한 강연장에서 쫓겨났다. 다른 30명이 오글거리는 수업을 진지하게 듣는 동안 나는 그녀와 함께 시시덕거리며 낄낄거리고 있었던 것이다. 맹세하건대, 그녀는 내가 세인트패트릭학교 1학년 때 수녀들과 함께 나를 골탕 먹인 우리 반 여자애 중 한 명이었다.

몇 년 뒤에는 코호스를 떠나 근처 부자 동네인 루던빌로 이사하고, 거기서 4학년 때부터 6학년 때까지 루던빌학교에 다녔다. 이 마지막 초등학교 3년은 한결같이 환하고 멋졌다. 그 시절의 많은 나날을 기억한다. 나는 공부도 잘했고 친구도 많았다. 선생들은 똑똑한 인재였고, 특히 미혼이었던 위니 스미스 선생은 역사상 가장 훌륭한 초등학교 선생 가운데 한 사람으로 기록되어야 마땅하다. 학생 대부분이 스미스 선생을 좋아했지만, 스미스 선생은 나를 각별하게 대했다. 나로 하여금 연극이면 연극, 연주면 연주, 그림이면 그림, 모든 사회활동에 참여하게 했는데, 그 모두가 너무나 즐거웠다. 그래서 스미스 선생이 담임을 맡은 5학년에 있었던 일은 수십 가지나 기억이 난다.

초등학교 고학년 때는 이따금 트로이에 있는 아버지와 삼촌의 약국에서 일을 도왔다. 과학, 수학, 공학에 적성이 있었고 일찍부터 자연계, 동물, 원예, 야외활동에 관심을 보인 덕분에 약사들과도 편하게 대화할 수 있었다. 나는 어릴 적부터 내가 과학자가 되고 싶어한다는 것을 알고 있었다. 난 우리가 무엇으로 이루어져 있는지, 우리는 누구이며 왜 여기에 있는지에 매혹되었다. 커다란 약국의 뒷방에서 일하며 경험한 의학에 대한 수다와 감각적 향연은 믿기지 않을 만큼 굉장한 예습이 되었다. 그 모두에 매혹된 나는 중고등학교에 가서도 약국 일을 계속했다. 나는 온갖 약물은 물론 약사들이 취급하는 재료들의 화학적 성질에도 관심이 있었다. 그때 질산칼륨이 든 갈색 병을 발견했다. 젊은 약사한테 몇 가지를 물은 뒤, 이 화합물이 화약의 주성분임을, 내가 몰라도 되었을 뭔가를 알게 되었다. 약국에는 다른 화학물질도 잘 갖추어져 있어서 나는 곧바로 다른 재료, 즉 목탄과 황, 촉진제인 산화마그네슘을 찾아냈다. 이로써 폭발물과 나의 오랜 연애가 시작되었다. 나는 나름의 불꽃을 만들기 시작했고, 그다음엔 친구의 도움을 받아 점점 더 큰 파이프 폭탄을 만들어 몇 년 동안 정기적으로 폭발시켰다. 같은 무렵, 불붙이기와 총 쏘기를 사랑하는 두 친구가 자기들 모험에 나를 끌어들였고, 그 모험은 두 친구네 집을 태워버릴 듯한 웅장한 들불로 끝이 날 때가 많았다. 셋이서 거친 행동도 시도하곤 했지만, 우리는 개구쟁이였을 뿐 결코 악의는 없었다. 우리가 오늘날 그런 짓을 하고 빠져나가려 든다면 일주일이 멀다 하고 교도소에 있을 테지만 말이다. 어떤 친구는 동물에게 총을 쏘거나 새에게 못을 박거나 소 항문에 말뚝을 박는 데에도 몰입했지만, 그런 짓은 결코 나의 흥미를 끌지 못했다.

난동을 허가받은 밤, 이를테면 내가 가장 좋아하는 축제일인 핼러윈이면, 우린 무법자였다. 우리는 상상할 수 있는 온갖 못된 장난을 저질렀지만 결코 누구도 해하지 않았고, 그 밤의 끝자락에는 사탕으로 불룩해진 자루를 잔뜩 들고 가서 수녀원에 떨어뜨렸다. 우리는 나쁜 아이들이 아니라 장난꾸러기였을 뿐이다. 나로 말하자면, 사람들을 지분거리고 괴롭히려는 타고난 충동도 가지고 있었지만 장난을 끝낸 뒤에는 밝은 아이가 됐다.

짓궂은 장난에 대한 나의 기호는 학습된 것이었다. 아버지와 삼촌은 두 분 다 장난꾸러기였고, 아버지의 약국 동업자인 아널드 삼촌과 찰리 외종조부는 그 방면에 대가였다. 하지만 그들의 장난은 언제나 긍정적으로 끝났다. 아버지와 삼촌은 가난한 고객들에게 바가지를 씌우고 있는 체했다. 실은 많게는 90퍼센트까지 값을 깎아주었으면서 말이다. 누가 가게에 들어와서 10달러짜리 지팡이를 사고 싶어하면, 두 사람은 진짜 가격을 부르는 대신 손님에게 음흉한 눈빛을 보내며 "2달러 되겠습니다"라고 얘기하곤 했다. 나는 두 사람이 이러는 걸 누누이 지켜보았는데, 그 짓궂은 장난은 비록 당하는 고객들을 당황하게는 했지만 사실은 운이 별로 없는 단골손님들이 파산하지 않고 위엄을 유지할 수 있게끔 지켜주려는 행위였다.

초등학교에서 중고등학교로 올라가면서는 콜로니 근처 공립학교인 셰이커고등학교에 다녔다. 그곳은 신설된 실험학교였다. 고등학생 시절도 한결같이 끝내줬고, 공부에서도, 관계에서도, 미술, 음악, 스포츠에서도 활짝 꽃필 온갖 기회가 나에게 주어졌다. 셰이커는 훌륭한 교사들을 갖춘 굉장한 학교였고 나는 그곳에서 맞이하는 한 해 한 해를 사랑했다.

나는 사춘기 이후 평생 스스로가 착한 보통 남자, 다시 말해 주위 사람들한테 친절하고 도움이 되며 재미있는 사람이라고 생각했다. 때때로 내가 좀 희한한 말을 하긴 했지만, 대부분이 그런 나를 용인했고 나와 어울리고 싶어하며 나의 놀이 친구나 가까운 친구가 되고 싶어한다는 것을 깨달았다. 나는 사내들보다 아가씨나 아줌마들과 더 잘 어울렸고, 내가 10대 때부터 현재까지 오래도록 수많은 여성과 가까운 친구 관계를 지속해온 사실은 내가 사내다운 사내일 뿐만 아니라 여성과도 친한 친구가 될 수 있는 남성이라는 증거였다.

나는 사람을 겁주지도 않았고 공격적이지도 않았다(고등학교와 대학교 내내 키는 180센티미터에 몸무게는 82~100킬로그램이었다). 사람들과 싸우지도 않았고, 내 형제 중에서는 얌전한 축에 속했다. 성격이 다양한 내 형제들은 평생 사람들과 온갖 일로 치고받아 왔다. 남자 형제가 넷에 여자 형제가 하나 있는데, 잭이 맏이로 태어났고, 5년 후 내가 뒤를 이었다. 4년 뒤 남동생 피터가 태어났고, 3년 지나 톰이, 2년 뒤 마크가, 그 이듬해 캐럴이 마지막을 이었다. 피터는 언제나 다루기 힘든 아이였다. ADHD가 있어서 한시도 가만있지 못하고 장난을 쳐댔다. 잭은 나보다 공격적이어서 많은 싸움에 말려들었다. 둘에 비하면 톰, 마크, 캐럴과 나는 상당히 조용했다.

나는 싸움꾼으로 유명하진 않았지만, 누군가를 괴롭히는 놈을 보면 쫓아가 끼어들어서 하는 짓을 그만두라고 말하곤 했다. 필요하다면 완력으로 놈을 들어 올려서는 죽여버리겠다고도 했다. 이런 일은 열두 살 무렵부터 수없이 일어났다. 한번은 내가 열아홉 살인가 스무 살이었을 때, 술집에서 시비를 거는 친구를 보고 떼어 냈지만, 상대편 사내가 그 친구에게 따라붙었다. 그건 정당하지 않다고 생각한 나는 그 사내의 목덜미를 움켜쥐고 밖으로 끌어냈다. 친구는 내가 사내를 붙잡고 있는 동안 그를 때리고 싶어했지만, 나는 그것도 정당하지 않다고 생각한 터라 거절했다. 우리 가족의 수컷 중 다수는 운동을 잘하고 몇몇은 싸움을 사랑하지만, 나는 주먹싸움에 결코 취미가 붙지 않았고, 맨주먹으로 누군가를 연타하기보다는 정신적으로 그렇게 하기를 더 좋아했다. 고교 시절에도 레슬링이나 풋볼 경기에 온전하게 흥분하지 못했고, 상대를 괴롭히려 내가 택하는 방법은 언제나 상대를 당황하게 하고 무슨 수를 써서든 웃기는 쪽이었다. 나는 언제나 폭력적인 재미가 아니라 건전하고 왁자지껄한 재미를 사랑했다.

| 강박장애에 걸린 청소년

중학교 시절에는 강박장애obsessive compulsive disorder, OCD가 생겼다. 장애의 일부는 종교, 특히 어머니가 믿는 천주교에 대한 강박관념으

44

로 드러났다. 가족이나 친지 가운데 나에게 종교를 강요한 사람
은 아무도 없었기에, 이 사실은 될 수 있는 한 내 가슴에만 담아두
었다. 성당의 신부와 어머니만 서서히 드러나는 나의 강박관념을
눈치채는 듯싶었다. 나는 날마다 몰래 집을 빠져나가 미사에 가기
시작했고, 토요일이면 깨어 있는 모든 순간에 그날 밤 죄를 고백
할 준비를 하면서 지내곤 했다. 중고등학교 6년을 포함한 청소년
기 내내, 주일 미사든 의무 축일이든 단 한 차례도 빠진 적이 없었
다. 나는 끝없이 자신의 약점과 잘못을 찾아냈고 이를 근거로 자신
을 통제하는 비밀 세계에 살고 있었다. 언제나 순수하고 완벽하기
위해 경계를 늦추지 않던 나는 아주 괴이한 죄들을 꾸며내기 시작
했다. 신부는 고해하는 나에게 내가 주말마다 늘어놓는 얘기들이
전혀 죄가 아님을 알려주려 애썼지만, 나는 설사 그게 정말로 죄가
아님을 알아도 그 행위를 파괴적인 생각으로 변형해서는 '죄'가 되
게 만들곤 했다.

강박장애 환자가 자신의 강박관념을 도덕적으로 해석하는 것
은 드문 일이 아니다. 나에게는 또 하나의 기묘한 충동이 있었는
데, 개인 공간의 왼편에 주의를 기울인다면 오른편에도 똑같이 주
의를 기울이려는 것이었다. 나는 끊임없이 이 내적 공간의 방위를
가늠했다. 10~20초가 지날 때마다 내가 어느 한쪽에 그 반대쪽보

다 1초 더 주의를 기울였다는 사실을 깨달으면 이것은 나에게 용서받을 수 없는 죄가 되었다. 하지만 나는 곧바로 이처럼 부적절한 생각 자체가 한 단계 높은 또 하나의 용서받을 수 없는 죄일 거라 판결하곤 했다. 스무 살 때는 공원 벤치에 꼼짝도 않고 홀로 앉은 채로 한 시간만 있어도, 지옥에 떨어질 만한 대죄를 마흔 가지는 저지를 수 있었다. 이 상태가 몇 시간이고 또 며칠이고 계속되면서 내 내면의 삶을 꼬박 2년 동안 지배했다. 이 현란한 강박장애의 세계에서 생겨나는 불안은 분명코 나를 잡아먹고 있었다. 동시에 나는 공포와 비관의 순간순간을 경험하고 있었다. 이 순간들은 몇 년에 걸쳐 진행 중이던 종교적 위기, 더 정확히는 영적 위기와 덩어리가 되었다. 이 모든 일이 일어나는 동안 가족이든 친구든 교회 사람이든 외부에서 나를 압박한 사람은 전혀 없었다. 오히려 그들은 나의 열을 식혀주려 애를 썼다.

나는 대칭에 주의를 쏟는 일 말고도, 반복해서 손을 씻어야 했다. 또 통학버스까지 걸어가는 동안 동서남북 사방 9미터를 오락가락하며 쓰레기를 줍곤 해서, 내가 지나간 뒤편으로는 길이 날 정도로 깨끗했다. 나에게는 모든 게 도덕적 쟁점이 되었다. 나는 완벽해야 했고, 하나하나 모두에 좋은 의도를 가져야 했다. 뭔가 좋은 일을 했어도 마음에서 우러나온 게 아니라면, 그 역시 부도덕하다고 생각하기 시작했다. 말도 안 된다는 걸 알고 있었지만, 막을 도리가 없었다. 도둑질이나 규칙 위반은 상상조차 할 수 없었다. 하물며 아내가 될 다이앤과 사귀면서도 성관계를 거부했다. 10대 때 성관계를 하는 게 부도덕해 보였기 때문이다. 몇 년이 지나자 다이앤이 마침내 제발 적당히 좀 하라고 말했다.

내가 60대가 되었을 때, 어머니가 나의 강박장애에 관한 기억을 들려주었다. 1961년 여름, 나는 열세 살이었고 그때까지는 줄곧 사교적이었다. 그런데 어느 날 갑자기 명백한 계기도 없이 문을 닫아건 채 나만의 작은 세계로 기어들어갔다. 옆집의 안마당에 낡아빠진 보트가 한 대 놓여 있었는데, 나는 그 보트를 고치면 낚시 갈 때 쓸 수도 있겠노라고 말했다. 결국 틀어박혀서는 날마다, 때로는 열네 시간까지 보트와 씨름했다. 사람들에게 말도 잘 걸지 않았다.

내가 어떤 식으로든 반사회적 행동을 보인 건 그때가 처음이었다. "네 아버지한테 얘기해야 하나 말아야 하나, 아는 정신과의사한테 연락을 해야 하나 말아야 하나 망설였지." 어머니가 말했다. 개학을 해서 어쩔 수 없이 판에 박힌 일상으로 돌아갈 수밖에 없을 무렵, 나는 정상으로 돌아갔다. 어머니는 아버지에게 아무 얘기도 하지 않았고, 나는 두 번 다시 그처럼 우울한 기간을 경험하지 않았다. 학교로 돌아가자 사람들과 어울리랴 운동하랴 너무나 바빴다. 우울한 증세가 스멀스멀 기어오르려 할 때마다 나에게는 뭔가 할 일이 있었다. 우울해질 틈이 없었다.

나의 독실함은 고등학교 1학년이 되었을 때 보상을 받았다. 해마다 열리는 뉴욕주 가톨릭청년회의에 나갈 '올해의 가톨릭 소년'에 지명된 것이다. 덕분에 나는 뉴욕 주지사 넬슨 록펠러Nelson Rockefeller, 뉴욕 대주교 스펠먼Spellman 추기경, 주 정부의 공무원들과 시간을 보내게 되었다. 나와 같은 영예를 안은 또래들과도 만났다. 학생 및 사제와 함께 피정避靜을 가 있는 동안, 또래의 가톨릭 청년 활동가들이 교회의 행동 조항과 실제적 문제에 관심이 있는 반면, 나는 순전히 형이상학적 세계와 광기의 세계에만 관심이 있음을 처음 깨달았다.

고등학교 4년은 끊임없이 움직이며 보냈다. 나는 해마다 풋볼팀에도, 레슬링팀에도, 육상팀에도 속해 있었다. 여름이면 수영 경기에 출전했고, 겨울이면 스키 종목인 활강과 대회전에 출전했다. 난 누구 못지않게 승리를 즐겼지만, 상대방에게 발끈한 적은 한 번도 없었다. 하지만 모든 경쟁에서 그랬다고는 말할 수 없다. 난 카드나 보드 게임을 할 때는 완벽하게 밉살스러운 놈이 되었기 때문이다. 나는 지는 걸 끔찍이 싫어한 나머지, 머잖아 포커나 스크래블(알파벳이 새겨진 패를 가로나 세로로 놓아 단어를 완성하면 점수를 얻는 게임-옮긴이)에서 내 적수가 될 만한 녀석은 친구 목록에서 모조리 추방해버렸다.

스포츠 정신은 부족했지만, 나는 대체로 괜찮은 놈이었다. 나는 매년 밴드에서 악기를 연주했고, 학교 영화제작팀에서 연기를 했고, 연극부에서 부장을 맡았으며, 학생 자치회에도 이름을 올렸다. 사교활동 또한 활발해 1,000명이 넘는 학생들 사이에서 멋지고 잘생기고 운동 잘하고 똑똑한 사람으로 여겨졌다. 단짝 셋을 비롯해 내가 가깝다고 여기는 친구가 30명쯤 있었고, 급우 모두와 사이가 좋았으며, 운동선수, 배우, 예술가, 괴짜 집단에서도 받아들여졌다. 나는 사람들이 진심으로 편안하게 느껴졌다. 나에게는 사람들이 맥을 못 추게끔 하는 유머감각과 개방성과 낙천성이 있어서, 사람들은 나와 함께 시간을 보내고 싶어했다. 나는 총명한 아이였고, 고등학교 졸업반 시절엔 '학급 광대'로 이름이 났다.

최근에 나는 중학교 1학년 때부터 알고 지낸 임상심리학자 팻 퀸Pat Quinn에게, 고등학교 시절의 내 성격과 인격에 관해 뭐가 기억나느냐고 물어보았다. 그녀는 다음과 같이 이메일을 보내왔다. "너는 풋볼 경기장에서는 거칠었지만, 경기장을 떠나서는 공감할 줄 아는 다정한 아이였어. 머리가 잘 돌아가고 지기 싫어해서 장난칠 기회를 놓치는 법이 없었지. 정치와 종교에 관해서라면 상대적으로 보수적이고 경직된 면도 있었고, 10대가 규칙을 깨는 건 이상한 일이 아니었지만, 너는 규칙을 어기는 부류가 아니라 사회규범만큼은 분명하게 지키는 쪽이었어. 통속적 주제로 논쟁을 벌이기 일쑤였지만, 지적 능력이 너만 못한 사람들을 잘 참아내지는 못했어. 그래도 워낙 둥글둥글해서 결코 남을 꿰뚫어 보지 못한다거나 남에 대한 공감이나 연민이 없다고 여겨지지는 않았지."

하지만 내 마음 뒤편에서는 사악한 귀신이 잠복해 나를 외롭고 섬뜩한 곳으로 끌어들이고 있었음을, 그때에도 나는 알고 있었다.

| 공황발작의 시작

나의 명백한 강박장애와 기괴한 독실함을 바꾸는 데 도움이 된 것은 10대 초반에 잇달아 잠깐씩 겪은 혼란스러운 경험이었다. 아버지가 나에게 약국의 약 배달을 시킨 터라 나는 자연히 병원, 개업의, 환자, 공장들을 비롯해 격리되어 지내는 온갖 종류의 기이한 고객들을 알게 되었다. 그해 여름에 아버지 심부름으로 배달을 간 곳은 정신장애 환자들로 들어찬 양로원이었다. 양로원 복도를 걸으며 나는 놀라운 행동을 여럿 목격했다. 어떤 할머니는 옷을 벗으면서 나더러 같이 침대로 뛰어들자고 졸라댔고, 어떤 사람은 내리 몇 시간 동안 똑같은 말을 하고 또 하는 반향어^{echolalia} 증세를 보였다. 또 어떤 사람은 조현병에 걸려 있었고 어떤 사람은 말기 치매 등 끔찍한 행동 문제들을 안고 있었다. 그 장면을 여러 번 보자, 내 문제는 그게 뭐든 간에 이 불쌍한 영혼들이 견뎌야 하는 짐과 비교하면 사소하다는 것을 깨달았다. 기괴하고 끔찍한 온갖 사람들을 보고 나자 세상 슬픔을 혼자 짊어진 듯했던 나의 감수성은 적당히 꺼져버렸다. 나는 부모가 나에게 베푼 삶을 고마워하기 시작했다.

이후로 나는 너무도 바쁘게 지냈다. 고등학교를 졸업하자마자 풋볼도 계속하고 스키도 계속할 수 있는 대학을 찾았다. 그래서 버몬트의 세인트마이클스칼리지에 입학했다. 강박장애는 고등학교에 다니면서 차츰 누그러졌지만, 대학 신입생 동안 다른 묘한 장애들이 나를 괴롭히기 시작했다. 하루는 교내식당에서 동급생과 얘기하고 있는데, 뚜렷한 이유도 없이 나의 양손이 걷잡을 수 없을 정도로 떨리기 시작했다. 나는 악성은 아니었지만 유전질환인 가족성진전$^{familial\ tremor}$(특별한 원인 없이 몸의 일부분이 일정한 간격으로 움직이는 본태성진전이 가족성으로 나타나는 질환-옮긴이) 진단을 받았고, 지금도 때때로 그런 떨림을 경험한다.

같은 달, 나는 다이앤을 만나러 차를 몰고 뉴욕으로 갔다. 주말에는 다이앤을 태우고 운전하고 있는데, 발이 기분 나쁘게 저린 듯 하더니 그 느낌이 다리를 타고 몸통으로 퍼져 올라왔다. 이 떨림이 거센 파도처럼 목을 뚫고 들어갈 즈음에는 이러다 내 머리 뚜껑이 날아가버리겠다는 생각이 들었다. 심장은 쿵쾅거렸고 가슴은 거칠게 오르내렸다. 차를 세워 운전대를 넘겨받은 다이앤은 중간에 자기 어머니를 태워서는 날 병원으로 옮겼다. 병원에 도착할 때쯤 나의 혈압은 240/165에, 맥박은 분당 142회였다. 위험한 수준의 복합 심혈관계 사건이었다. 의사들이 정맥에 신경안정제 발륨Valium 용액을 주입한 지 15분이 지나자 나의 혈압과 심장박동이 정상으로 돌아오기 시작했다.

이 사건은 내가 그 뒤로 수십 년에 걸쳐 850번쯤 경험하게 될 공황발작panic attack의 시작이었다. 난 30대가 돼서야 그럭저럭 발작을 넘기는 법을 알게 되었다. 하지만 공황발작을 처음 500번쯤 겪는 동안엔 내가 1, 2분 안에 죽을 게 틀림없다는 생각이 들었다. 발작은 밤이건 낮이건 시도 때도 없이 찾아왔고, 내가 혼자 있건 군중 속에 있건 가리지 않았다. 발작은 이유 없이 일어나곤 했다. 그때마다 죽지는 않는다는 걸 알고 있어도 소용이 없었다. 변연계limbic system는 나머지 뇌에 내가 황천길로 떠나기 직전이라는 확신을 심어주었다.

강박장애와 간헐적 공포가 찾아들고 나서는 본태성진전과 공황발작이 나를 사로잡았다. 공황발작이 생겨서 좋은 점이 있었다면, 내가 뇌졸중이나 심장마비에 걸릴까 봐 겁을 집어먹은 나머지 불법 환각성 약물은 절대 하지 않은 일이다. 나는 한 번도 술을 멀리한 적 없고 때로는 마리화나를 담배 모양으로 말아 만든 조인트도 피웠지만, 정신 줄을 놓고 뇌졸중으로 죽을지도 모른다는 공포가 불법 환각성 약물만큼은 나에게서 떨어트려 놓았다.

공황발작이 시작되고 1년 뒤, 베트남전 징병검사를 받으러 갔다. 징병위원회는 내게 어떤 증세가 있느냐고 물었다. 그들은 나의 강박장애나 공황발작에 대해서는 더없이 무관심했지만 알레르기 천식이 전쟁터에서 문제를 일으킬 가능성에 대해서는 관심을 가졌다. 그래서 알레르기 소피검사scratch test를 했는데, 항원이 묻은 바늘로 팔뚝을 긁은 지 채 10분도 안 되어 주변은 온통 컴컴해지고 중심부만 밝게 보이는 터널시야tunnel vision가 나타났다. 그다음 기억나는 것은, 내가 진찰대에 누워 정맥주사를 맞고 있었다는 사실이다. 알레르기항원 때문에 아나필락시스쇼크anaphylactic shock에 빠졌던 것이다. 나는 징집 통지를 한 차례도 받지 않는데, 이는 분명 나의 불편한 질병 중 하나가 나의 목숨을 구한 또 하나의 사례다. 이렇게 나의 인지적 난관, 감정적 난관, 정신적 난관, 신체적 난관 하나하나가 최종적으로 나의 삶에 또 삶을 향한 나의 태도에 긍정적 영향을 미쳤다. 다윈이 알면 즐거워할 일이다.

| 타인의 눈에 감지된 괴물

나는 1965년부터 1969년까지 대학에서 시간을 보냈다. 나는 생물학, 스키, 풋볼에 관심이 있었지만, 내 친구들 중 대다수를 차지하던 음악가와 인문학 전공자들은 동양의 신비주의, 환각제, 마리화나 뭉치와 더불어 살았다. 그들에게는 항문에 바르는 장뇌樟腦 아편제 연고를 코로 흡입하는 행위조차 금기가 아니었고, '짜릿함을 찾아서라면 어딘들 못 가리 any port in a storm for a buzz'가 최면에 걸린 듯한 바보짓의 주제였다. 최근에 만난 대학 동창 헨리만큼은 내가 컨버터블에 타고 있던 한 사내를 발로 차고 그의 데이트 상대를 가로챈 사실을 기억하고 있었는데, 그걸 기억할 만큼 당시에 제정신이었던 게 분명하다.

나는 대학을 졸업하고 나서도 진탕 먹고 마시고 놀며 지냈다. UC 샌디에이고에서 박사후연구원을 하던 1977년, 의사 친구와 함께 대학 풋볼 경기를 관람했다. 경기가 끝난 뒤 남학생 사교클럽

구역으로 가자, 술 취한 대학생 한 패거리가 자기가 속한 몇몇 클럽하우스에서 가구를 몽땅 들어내면 재미있겠다고 했다. 나는 그들을 부추겨 그 가구에 술을 붓고 불을 붙이게 했다. 매사에 나는 무모했으며 사람들을 끌어당기는 면이 있었다. 경찰이 도착했지만 그다지 걱정하지 않았다. 소방관에게 조인트를 권하자 그가 보답으로 호스를 가지고 놀게 해줘서, 나는 사람들에게 물을 뿌려댔다. 몇 분 뒤에는 친구와 함께 길 저편으로 달려가 다른 클럽하우스에서 열리는 큰 파티에 참석했다. 3층 테라스로 올라가 음악을 연주하는 밴드를 내려다보다 비상용 소방호스를 발견했다. 나는 옆에 있는 녀석에게 그걸 건네달라고 한 다음, 호스를 창문 밖으로 내밀고는 녀석을 시켜 물을 최고 수압으로 틀었다. 드럼이 사방으로 날아다녔고 밴드는 도망갔다. 이윽고 풋볼 선수로 짐작되는 격노한 덩치들 한 무리가 다가오더니 나를 아래층으로 질질 끌고 내려갔다. 끌려가며 보니 호스에서 나온 물이 2층 천장을 적시고는 뚝뚝 떨어지고 있었다. 나는 수갑을 차고서도 경찰들을 웃겨댔고, 경찰은 결국 나를 풀어줬다. 친구와 나는 또 한 곳의 클럽하우스에 들렀다가 쫓겨났고, 다음에는 도심의 뒷골목 술집에서 도망쳐 나왔으며, 집으로 가는 길에 두 차례나 음주운전 검문에 걸려 차를 세워야 했다. 그때마다 나는 경찰을 즐겁게 해주어 풀려났고, 우리

둘은 오전 여섯 시에 귀가했다. 그러니까 친구는 24시간 응급실 근무를 하는 데 늦지 않게, 나는 오전 여덟 시에 연구실에서 실험을 시작하는 데 늦지 않게 도착한 것이다.

나는 사춘기가 지난 뒤에도 여전히 청소년인 양 행동했다. 재미로 두어 번의 가택 침입과 차량 절도를 하기는 했지만 사실 그 시절에는 그다지 심각한 일이 아니었다. '사내아이들이 다 그렇지 뭐' 하고 넘어가기 일쑤였달까. 그래서 나는 지금의 젊은이들이 학교와 사회로부터 장난을 금지당하는 게 안타깝다.

나에게 일찍부터 선생님과 경찰을 웃기는 능력이 있었다는 건 내가 정말로 큰 문제는 만들지 않는다는 뜻이었다. 하지만 못된 장난들은 분명 내 청춘의 끝을 앞두고 심해지고 있었다. 확실히 의학계의 최상부에서 출세하겠다는 마음을 가진 사람이 벌일 일은 아니었고 오히려 그럴 기회를 날려버리고 있었다. 하지만 한편으로 나는 즐거운 시간을 보내고 있었다.

10대는 멍청한 짓들을 하게 마련이고, 또래와 술과 마약에 둘러싸여 있을 때는 특히 그렇다. 방금 설명한 터무니없는 짓들에 대해 이러쿵저러쿵 핑계 대지는 않을 것이다. 하지만 내가 어릴 때 얼마나 조용하고 착했는지를 생각해보면, 내가 대학에서 파괴적 행동을 한 건 놀라운 일이다.

나는 학교에서 곤란을 자초했지만, 사회문제에 대해서는 관심이 없었다. 버몬트의 조그만 가톨릭 학교라는 안전한 환경에서 우리 가운데 다수는 사회나 정치에 신경 쓰지 않고 지냈다. 우리가 어쩔 수 없는 머나먼 사회갈등에 보인 약간의 관심은 베트남전쟁을 반대하고 각종 사회악과 불평등에 형식적으로 알은체하는 정도였다. 우리들 대부분은 사회문제를 이해하기에 소양이 부족했고 파티와 과제에 정신이 팔려 뭔가를 더 할 수도 없었다. 고등학교 때부터 대학의 첫 2년까지는 예민한 휴머니스트였던 나도 스무 살이 되면서 점차 무뎌져갔다.

내가 사회적 자각과 공감을 잃은 것이 대학 때문은 아니었다. 세인트마이클스는 진보적 계몽주의를 토대로 설립된 학교이고, 그 정신은 교실 너머로까지 연장되었다. 교수이자 사제들은 교육자인 동시에 사회운동가라서 밤새 어딘가로 사라져 시민권, 베트남전 등 절박한 대의명분을 위해 깃발을 들곤 했다. 그러나 나의 감수성은 균열이 생기고 틈새가 벌어졌는데, 그것은 대학 2학년일 때 완전히 굳어졌다. 나의 행동은 내 사고와 행동이 정말로, 또 아마도 영구적으로 변했음을 암시했다. 그리고 그 굳어진 틈새 사이로 경조증hypomania(조증보다 정도가 약한 형태의 질환—옮긴이)이 시작됐고, 오늘날까지도 지속되고 있다.

대학 2학년 때, 철학 과목을 가르치던 교수는 내 안에서 탐탁지 않은 뭔가를, 점차 드러나는 성격의 변화를 보았다. 교수는 내가 나타나서 자리에 앉을 때까지 수업을 시작하지 않으려 했고, 하루는 반 친구 하나가 기숙사로 달려가 나를 침대에서 꺼내올 때까지 수업을 늦추기도 했다. 반 친구들은 교수에게 내가 초능력이 있는 것 같다고 말하기도 했다. 나는 결코 초능력을 믿지 않았지만, 그럼에도 사람들의 생각을 알아맞히거나 예언을 하곤 했다. 아마도 미묘한 단서를 포착했기 때문일 텐데, 사람들은 그것에 기겁했다. 언젠가 더 어렸을 때는 친구네 뒤뜰에서 내가 천국에 앉아 있는 귀신인 척한 적이 있었다. 나는 내가 친구 아버지의 친구라고 하고는 "재규어 XKE 차를 몰고 9E번 도로를 따라 레이크플래시드를 향해 가는 도중 커브를 돌다가 길가 나무를 들이받고 죽었다"라고 말했는데, 며칠 뒤 그 일이 정말로 일어났다. 친구 아버님은 내 예언에 관해 듣고는 나더러 당신 아들과 더는 어울리지 말라고 하셨다. 사람들은 나한테 타고난 능력이 있다고 말했지만, 말을 많이 하다 보면 맞을 때도 있는 법이라는 게 내 생각이다. 대학 시절, 몇몇 친구는 내가 독심술을 개발했다고 말하기도 했다. 내가 자기네를 공격하지 않을 걸 알면서도 무서움을 느끼고 나를 불편해하는 친구들도 있었다. 나는 결코 깡패가 되려 한 적이 없었지만, 내가 하는 뭔가를 사람들은 나무랐다. 교수는 수업 도중에 나를 '악마'라 부르기 시작했다. 나는 이 모두를 웃어넘겼다. 무엇보다도 나는 그때까지 부도덕하거나 비윤리적이라고 여기는 짓을 해본 적이 한 번도 없었기 때문이다. 내 성격과 인격은 더할 나위 없이 말짱했다. 사람들은 내 안의 뭔가가 다소 불경하게 변하고 있다고 말했다. 나는 겉만 보고 하는 그들의 말들은 죄다 허튼소리라고 생각했다.

나는 3학년으로 올라가면서 생물학과 화학에 점점 더 관심이 많아졌고, 행동을 일으키는 건 화학과 전기와 아마도 유전자가 전부일 거라는 그리고 이 과정을 조작할 수 있다면 뇌와 마음도 조종할 수 있을 거라는 생각을 더욱더 철두철미하게 신봉하게 되었다. 《앨저넌에게 꽃을Flowers for Algernon》이라는 소설을 각색한 영화 〈찰리〉가 나온 해가 1968년이니까 내가 생물학과 3학년생일 때였다. 행동의 생화학적 기초를 다룬 그 영화는 나에게 영감을 불러일으켰다. 유전자가 모든 것을 조종한다고 믿는 과학자로서의 내 삶이 시작된 것이다. 자유의지와 신에 대한 믿음은 이 3학년 때 행방이 묘연해졌다.

그 무렵, 한때 뉴욕의 교구에서 '올해의 가톨릭 소년'이었던 내가 가톨릭교회를 떠났다. 나는 교수 가운데 한 사람이었던 스테이플턴 신부에게 다가가 나의 불신에 관해 말하고 공식적으로 마지막이 될 고해를 부탁했다. 신부는 껄껄 웃으면서 "신부들은 보통 사람들이 교회에서 나가는 걸 도와주지는 않는데"라고 했지만, 나의 부탁을 들어주었다. 나는 그때까지도 품행이 바르고 성경을 열심히 공부하는, 그리스도와 토마스 아퀴나스와 아우구스투스의 가르침을 섭렵한 학생이었다. "자네한텐 교회가 더는 필요 없을뿐더러, 실은 교회가 자네를 미치게 하고 있어. 강박증을 비롯한 온갖 걸로 말이야." 신부의 말과 함께 마음의 짐을 내려놓은 나는 자유와 홀가분함을 느꼈다. 마치 스위치가 탁 켜져서는 나의 뇌 안에 (과신에 가까운) 긍정적이고 공격적인 에너지가 가득 채워진 듯했다.

인간은 만들어지는 게 아니라 태어난다는 믿음은 나의 정치적 입장에도 지대한 영향을 미쳤다. 대학에 가기 전에는 어머니의 보수주의와 고모의 진보주의(아버지는 중립을 지켰다)를 두루 받아들였지만 환경의 힘이 인간의 정체성을 형성한다는 관점에 점점 더 신물이 났다. 우파는 이성애자 핵가족을 유지하는 데에 집착했고, 좌파는 사회가 시민을 보살펴야 한다는 믿음만 강조했다. 1969년, 나는 결국 리버테리언^{libertarian}(1970년대 이후 등장한 자유주의 옹호자들-옮긴이)이 되었다.

나는 자연과학의 가능성에 도취되고 있었고, 결국 뇌가 우리의 정체성을 형성하는 방식을 연구하는 데 일생을 바칠 것이었다. 심리학은 고등학교 내내 그리고 대학 초기까지도 흥미를 끌었지만, 무엇이 우리 인간을 만드는가에 대한 진정한 통찰은 전해주지 못하는 것 같았다. 대학 4학년 때 학문적 시행착오를 잠시 겪은 뒤, 올버니에 있는 가톨릭 여고에서 교편을 잡았다. 그리고 트로이 렌셀러폴리테크닉대학교의 생리심리학 및 심리물리학 대학원 과정에 들어갔다. 그 뒤에는 시카고 일리노이대학교 의과대학의 해부학 및 생리학 박사과정에 들어가, 지나고 보면 정말 신기하게도 영장류의 뇌에서 안와피질orbital cortex과 측두엽 및 관련 계통을 연구했다. 나중에 내가 살인자들의 뇌에서 손상을 목격하게 될 영역들이었다. 이로써 UC 샌디에이고의 신경화학 및 신경해부학 박사후 과정으로 가는 전도유망한 궤도에 올라선 이후 UC 어바인에서 종신교수가 됐고, 거기서 오늘날까지 안락하게 지내왔다. 대학 이후로는 줄곧 모든 게 멋졌고 대단히 만족스러웠으며 수월했다.

순탄했다, 최소한 35년 동안은.

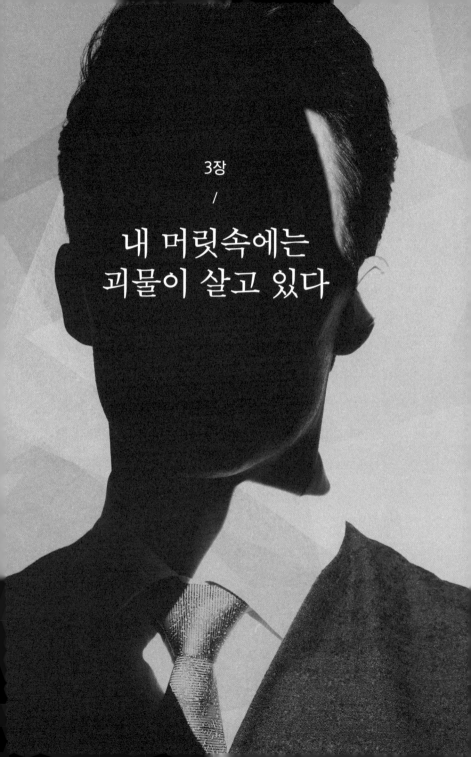

3장

/

내 머릿속에는
괴물이 살고 있다

내가 과학에 관심을 가지게 된 건 어릴 적의 경험 때문이다. 나는 뉴욕주 북부에서 일찍이 농장 일을 하고, 숲속을 걷고, 연못가와 시냇가에서 생명체를 들여다보았다. 곤충, 개구리, 징그러운 벌레들의 세계에 대한 나의 관심을 부모와 조부모, 플로 고모가 북돋아주었다. 간호사이자 컬럼비아대학교 대학원생이던 플로 고모는 내가 초등학교에 들어가면 자연에 관심을 보일 거라고 말했다. 어느 날 고모에게 그걸 언제 꿰뚫어 보았냐고 묻자, 고모는 9개월 된 나를 부엌 싱크대에서 목욕시키던 때라고 대답했다. 도자기 대야의 물을 버리는데 내가 입을 딱 벌리고 물이 소용돌이치면서 배수구로 흘러내려 가는 모습을 경이롭게 지켜보았다고 말했다.

우리가 코호스에서 루던빌로 이사했던 1956년에, 플로 고모는 컬럼비아대학교 간호학과 수업에서 쓰는 미생물학 교과서를 나에게 주었고, 거의 같은 때 아버지는 낡았지만 성능이 좋은 바슈롬 현미경을 주었다. 내가 초등학교 4학년 때였다.

정말 묘하게도, 나는 과학과 자연에 매혹되는 동시에 종교와 영성에도 빠져들었다. 나는 무한과 내세에 대해 진지하게 고민했다. 무엇이 내 머릿속에 이런 걱정을 집어넣었든 간에, 걱정이 불러일으키는 경외와 공포의 조합은 짜릿하면서도 무서웠고 결국 나로 하여금 인간의 정신, 마음, 영혼의 기초를 이해하는 탐구에 평생을 바치게 했다.

학자로서의 첫 20년 동안에는 기초 신경과학 연구에 전념하면서, 의대생과 대학원생에게 육안해부학gross anatomy과 미세해부학microanatomy을 가르쳤다. 1990년대엔 UC 어바인의 인간 신경과학 교과과정에서 신경정신과의 의대생, 대학원생, 수련의를 가르쳤는데, 인간 마음의 생물학적 기초를 이해하는 일에 구미가 당기기 시작했다. 인간 뇌에 관해 아는 게 많아질수록, 임상시험에 참여 중인 환자들의 뇌 스캔 사진을 분석해달라는 동료 또한 많아졌다. 나는 뇌와 신경계 전체에 관해 해박한 사람으로 명성을 얻었고, 특정한 학과나 분야에 얽매이지 않았는데 그야말로 나의 영웅레오나르도 다 빈치 같은 모습이었다.

1995년 어느 날, 정신과 동료 앤서니가 나에게 전화를 걸어왔다. "이봐, 짐. 자네가 할 일이 생겼어. 내가 아는 변호사들이 연쇄 살인범 한 명을 맡고 있는데, 그놈의 뇌에 뭔가 잘못된 게 있는지 보려고 우리가 스캔을 했거든. 한번 보고 어떤지 말해줄 수 있겠어?" 나는 그러마 하고 그의 PET 스캔 사진을 검토했다.

PET 스캔은 방사선과에서 조직과 기관에 있는 모래알 크기만 한 작은 영역들이 제대로 기능하는가를 판단하는 데 사용하는 도구다. 뇌처럼 뼛속에 들어 있는 기관을 들여다보는 데 특히 유용하다. 또 뇌의 기능을 측정하는 터라 단순한 구조적 스캔이 아니라 기능적 스캔으로 분류된다. PET 스캔을 시작하기 전에 뇌와 특정한 방식으로 상호작용하는 방사성 분자를 몸에 주입한다. 이때 방사성 분자로 당을 주입하면 뇌의 대사를 측정할 수도 있고, 다양한 신경전달물질 수용체에 결합하는 약물을 주입하면 수용체의 분포를 살펴볼 수도 있다.

이번 스캔에서 의사들이 사용한 것은 불소의 동위원소인 F-18이었다. F-18은 활성화한 뇌세포가 흡수하는 포도당(글루코스)과 결합하는데, 그 상태를 유지하며 방사선 형태인 양전자를 약 한 시간 동안 방출한다. 팔의 정맥을 통해 포도당을 주입한 피험자가 환자 이송용 들것에 실려 PET 스캐너 안으로 미끄러져 들어가면 검출기가 피험자의 머리를 둘러싼다. 뇌 '사진'을 찍는 시간은 이때 사용하는 동위원소의 반감기에 달려 있다. F-18의 경우 노출 시간이 30분이어서, 얻어지는 영상은 이 30분 동안 일어나는 뇌 활동의 스냅사진이다. F-18이 방출한 양전자가 전자와 충돌해 에너지를 방출하면, PET 스캐너 안에서 머리를 둘러싸고 있는 코일들이 그 에너지를 검출한다. 스캐너의 컴퓨터 소프트웨어가 충돌이 일어난 모든 곳을 찾아내면 그다음에는 뇌 전체의 충돌 부위들로 3차원 영상이 재구성된다. 의사들은 충돌 밀도에 따라 색깔을 칠해서 포도당 사용량을, 즉 뇌의 활동도를 표시한다. 밝은 영역일수록 뇌의 그 부분이 더 열심히 일하는 것이다.

부탁받은 스캔 사진을 살펴보니, 건강한 뇌와 비교해 안와피질과 편도체^amygdala 주변 영역의 활동이 약해 보였다. 일반적으로 충동성 및 사회적 행동과 연결되는 영역이었다. 나는 이 사실을 동료에게 전달했다.

범죄자의 변호사들은 판사에게 생물학 관점에서 의뢰인이 본인을 통제할 수 없다고 말했고, 범인은 사형 대신 가석방 없는 종신형을 받았다. 동료 앤서니는 나의 역할에 대해 소문을 냈고 나는 비슷한 요청을 무수하게 받았다. 결국 10년에 걸쳐 살인자 열다섯 명의 뇌를 분석하게 됐는데, 개중에는 유명한 살인자도 많았다. 법적 이유로 자세하게 밝힐 수는 없지만, 그들은 단순한 살인자가 아니라 진짜로 용의주도한 사이코패스가 분명했다.

사람들은 나더러 왜 만사를 제쳐두고 사이코패스 연구에 종사하지 않았느냐고 묻는다. 하지만 당시 나에게는 중요한 일들이 너무나 많았다.

1990년대 초반부터 임상 동료들과 함께 다양한 작업을 했고, 그 연구들이 성체줄기세포 연구와 함께 2000년까지 내 주요 관심사였다. 결국은 그때의 작업이 정신의학 연구와 관련이 있는 덕분에 대학에서도 정신의학 및 인간행동학과로 자리를 옮기게 되었다. 1990년대 초중반에 시작된 이 연구들을 기초로 하여 처음엔 과학자를 상대로, 다음엔 문외한인 대중을 상대로 인격, 발달, 조현병, 중독, 남녀 간 뇌 차이, 정서기억 emotional memory, 의식에 관한 강연을 점점 더 많이 했다. 2000년에는 성체줄기세포를 이용해 뇌 손상을 치유하는 법에 관해 획기적 발견을 했다. 배아줄기세포만 아니라 성체줄기세포를 이용해 파킨슨병, 뇌졸중, 여러 신경퇴행성질환을 치료할 가능성에 대한 최초의 증거로 미국 국립보건원National Institutes of Health이 미국 의회로 보낼 정도의 발견이었다. 2001년부터 6년 동안 나는 에너지의 대부분을 이 연구에 쏟았다.

한편 우리 연구실은 연방정부에서 세 종류의 연구 용역을 받았다. 하나는 담배중독의 본질에 대한 연구, 둘은 의료영상용 전산체계 설계였다. 나는 뉴로리페어^{NeuroRepair}라는 생명공학 회사도 창업했다. 그래서 내 뇌의 PET 사진을 보고 이상하다고 여길 때까지 사이코패스에 관해 생각할 겨를이 거의 없었다.

2005년, ADHD, 외상후스트레스장애 post traumatic stress disorder, PTSD, 알츠하이머병 같은 정신장애를 연구하는 정신과의사 다니엘 에이먼 Daniel Amen이 나에게 연락을 해왔다. 에이먼은 수십 년동안 사이코패스 살인마와 일반 살인마의 뇌 스캔 사진 약 50개를 모았는데, 내가 거기에서 어떤 패턴을 발견할지 궁금해하고 있었다. 나는 에이먼에게 그 사진들을 보내되, 꼬리표를 떼고 다른 스캔 사진들(건강한 피험자, 조현병 환자, 우울증 환자들의 뇌 사진)과 섞어 달라고 했다. 피험자에 대해 알지 못하는 맹검과정 blind process을 따랐던 것이다. 맹검은 우리가 데이터에서 지각하는 패턴이 사전지식과 피험자를 향한 편견의 영향을 쉽게 받기 때문에 하는 일이다.

모든 뇌를 살펴보고 나니, 나는 뇌 회로 패턴들을 두 가지 살인자 유형을 비롯해 몇 가지로 쉽게 구분할 수 있었다. 그리고 맹검암호를 죄다 해제하고 각 집단마다 어떤 사람들이 있는지 보게 된 그 순간, 나는 그 정보가 무엇을 예고하는지를 알아차리고 얼어붙어버렸다.

| 좌뇌와 우뇌 개념이 알려주지 않는 사실

내가 이 스캔 사진들에서 깨달은 것이 무엇인지 그리고 사이코패스라는 주제와 어떤 관련이 있는지를 이해하려면 먼저 인간의 뇌에 대해 알아야 할 필요가 있다. 뇌는 노련한 신경과학자에게도 당황스러울 만큼 복잡한 방식으로 조직되어 있다. 플로이드 블룸^{Floyd} Bloom은 언젠가 뇌를 '감전된 젤리^{electrified jelly}'라고 불렀는데, 1년차 의대생에게는 분명 그렇게 보일 성싶다.

　신경해부학자들은 '병합파^{lumper clumper}'와 '세분파^{splitter}'로 분류된다. 병합파는 뇌를 되도록 적은 구획으로 나눠 단순화하기를 좋아하고, 세분파는 뇌를 수천 조각으로 나눠 각각에 나름의 라틴어나 그리스어 이름을 붙인다. 더욱더 혼란스럽게도, 세분파는 그 잡탕 안에 해당 뇌 영역을 처음 묘사한 과학자의 이름을 부여하길 좋아하는 터라, 우리는 결국 '주케르칸들속^{Zuckerkandl's fasciculus}'이니 '지올리의 복측피개중계영역^{ventral tegmental relay zone fasciculus of Giolli}'이니 '베흐테레프의 뇌교피개망상핵^{nucleus reticularis tegmenti pontis of Bechterew}' 하는 따위의 이름을 듣게 된다. 의대생들이 신경과학 과목을 처음 들을 때 겁을 먹는 이유 중 하나가 이것이다.

　이러한 뇌 영역과 이들 영역의 연결, 화학, 회로를 예컨대 유

아가 낯선 사람을 보았을 때 느끼는 공포와 같은 적응-행동^{adaptive}
^{behavior}과 연관 지으면 감당할 수 없으리만치 복잡해진다. 그림 3A
는 '단순화된' 형태의 우울증 관련 뇌 회로다. 이 그림을 보고 당신
이 의기소침할 건 없다. 신경과학자들을 포함한 모든 사람이 이 같
은 종류의 뇌 그림을 싫어한다. 하지만 뇌는 대단히 복잡한 터라
우리는 때때로 이처럼 잭슨 폴록의 추상화 같은 흉물을 다루어야
한다.

　뇌과학자 대부분은 병합파와 세분파 두 진영 중간에 속해 뇌

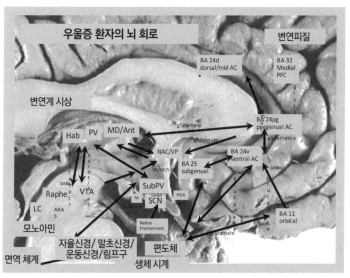

그림 3A | 우울증 환자의 뇌 회로

를 몇백 개 부분으로 나눈다. 나는 세분파 쪽이고, 연구할 부분이 수천 가지는 있는 게 좋다. 하지만 가르칠 때나 논문 쓸 때는 뇌를 3×3×3 '루빅스 큐브' 패턴으로 정돈하기를 선호한다. 이 27개 부분 정리법은 '모든 것은 가능한 한 단순해야 하지만, 지나치게 단순해서는 안 된다'라는 아인슈타인의 단순성 제1법칙을 위반하지 않는다.

모든 사람이 우리에게 좌뇌와 우뇌가 있다는 사실을 알고 있다. 하지만 이 개념은 중요한 몇 가지 면에서 지독히 빈약하다. 다음에는 왼쪽 위에 뇌의 측면도가 있고, 위에서 내려다본 뇌 위쪽의 그림(왼쪽 아래)과, 뇌를 가운데서 아래로 자르면 보이는 뇌 안쪽 부분의 그림(오른쪽 아래)이 있다. 좌반구와 우반구 사이에 있는 이 내측(안쪽)의 조각을 변연엽 limbic lobe 이라고도 한다. 이 명칭은 '가장자리'를 뜻하는 라틴어 limbus에서 유래한다. 그리고 여기서 가장자리에 해당하는 피질 cortex 은 감정, 주의, 기억을 담당하고, 인지 상태와 감정 상태를 전환하며, 당신이 보고 있지 않을 때 누가 당신의 감자튀김 한 조각을 슬쩍하지 않았나를 보는 데도 도움을 준다.

루빅스 큐브 뇌를 절단하는 또 다른 방법은 앞에서 뒤로, 다시 말해 전방에서 후방으로 자르는 것이다. 피질의 뒤쪽 부위는 시각계뿐 아니라 '연합'피질 association cortex 과도 관련 있다. 연합피질에는

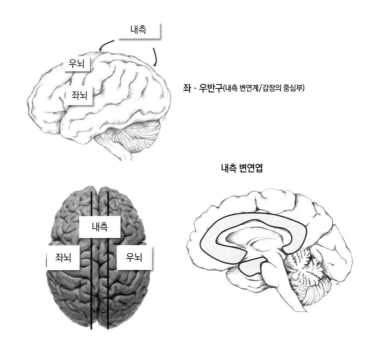

내측

우뇌

좌뇌

좌·우반구(내측 변연계/감정의 중심부)

내측 변연엽

내측

좌뇌

우뇌

그림 3B | 뇌의 반구

공간 처리처럼 복잡한 인지 과제를 수행하는 기능이 있다. 외부세계(상하, 좌우, 원근)의 지도는 상두정피질superior parietal cortex이라 불리는, 후방 영역 중에서도 위쪽 부분의 피질에 그려진다. 이 뇌 영역 한쪽에 손상을 입은 사람들은 인식 가능한 세계의 반쪽을 무시할 것이다. 이를테면 시계 눈금판의 왼쪽 숫자만 지각하고 오른쪽 숫자는 지각하지 못할 수도 있다. 빈 원을 주면 1부터 12까지 숫자를 채워 넣긴 하겠지만, 숫자 모두 원의 한쪽 편 절반에만 그릴 것이다. 주로 쓰지 않는 손을 통제하는 반구에, 가령 오른손잡이의 오른쪽 상두정피질에(각 반구는 몸의 반대편을 통제한다) 손상을 입은 사람들은 '인식불능증agnosia' 정도가 좀 더 심할 것이다. 그들은 반대편 다리를 움직일 수 있고 그 다리를 꼬집는 것도 느낄 수 있겠지만, 의사나 간호사에게 그 다리가 본 적도 없는 남의 다리이니 병상에서 치워달라고 요구할 것이다.

이 후방 영역의 또 한 가지 기능은 언어 이해와 개념 창작이다. 이 언어 기능이 우리로 하여금 우성반구dominant hemisphere(당신이 오른손잡이라면 왼쪽)에서는 구문과 문법에 숙달하도록 해주고, 비우성non-dominant hemisphere반구에서는 노래와 언어의 리듬은 물론 유머도 이해하도록 해준다. 우성반구의 기능은 주로 유전에 의해 결정되는 반면, 비우성반구의 기능은 환경이 더 많은 영향을 미친다. 즉 말의 강세와 억양과 사투리는 가족과 친구들에게 배우지만, 문법과 구문 능력은 유전이 더 많은 부분을 결정한다. 하지만 개인차도 매우 크다. 1938년에 나치 독일에서 도망친 헨리 키신저Henry Kissinger와 그의 남동생 월터 키신저Walter Kissinger의 경우, 당시 열여섯이던 형 키신저의 말투에는 프랑크족의 악센트가 끝까지 남았던 반면에 열넷이던 동생 월터는 미국인과 똑같은 영어를 구사했다.

반구의 중간 구역 뒤쪽에는 피부감각을 지도화地圖化하는 체감각 영역이 있고 앞쪽에는 몸의 근육을 통제하는 운동 영역의 지도가 있다. 이 운동피질motor cortex의 바로 앞에 있는 전운동피질premotor cortex은 운동 동작을 계획하거나 골프채를 휘두르고 피아노를 연주하는 규칙을 학습하는 데 관여한다. 이 두 가지 운동 관련 피질이 좌우 반구 위쪽에 한 줄의 띠를 형성한다.

전방, 즉 앞 구역에 있는 전전두피질prefrontal cortex은 이른바 뇌의 실행 기능을 담당한다. 규칙 습득과 계획하기, 단기기억을 가능하게 해준다. 단기기억이란 일종의 '스크래치패드 메모리scratchpad memory'로서 수 초 또는 수십 초 동안 지속되어 우리가 번호판을 다누를 때까지 전화번호를 기억하고 식사를 하거나 포커를 치는 동안 눈으로 보지 않아도 손이 물을 놓아둔 위치를 찾을 수 있게 해준다. 전전두피질은 성격과 인격에 큰 영향을 미치고 충동, 강박관념, 반사회적 행동을 통제하는 데에도 가장 중요한 부위다.

전전두피질은 영장류, 특히 인간에게서 각별히 잘 발달했다고 여겨지는 무수한 기능과 관계가 있다. 여기에는 '미래의 기억'이라 불려온, 즉 마음을 미래로 투사하여 그야말로 아직 일어난 적 없는 행위를 상상하거나 경험하는 기능이 포함된다. 이는 체스를 두면서 다섯 수만 더 두면 상대를 완패시킬 수 있음을 알게 한다. 이런 상상 기능이 바로 전전두피질을 중심으로 하는 회로에 자리한다.

나는 이런 능력이 부분적으로는 카테콜-O-메틸전이효소catechol-O-methyltransferase, 즉 COMT를 부호화하는 유전자에서 일어난 돌연변이 때문이 아닌가 생각한다. 이 효소는 전두엽에서 방출된 도파민dopamine을 분해한다. 가능한 돌연변이에는 두 형태가 있는데, 이 둘을 합쳐서 발린-메티오닌다형성valine-methionine polymorphism이라 일컫는다. 메티오닌형 유전자는 녹는점이 낮은 COMT 효소를 생산하고, 발린형은 녹는점이 높게 COMT를 부호화한다. 메티오닌형을 가진 사람들은 COMT가 정상적 뇌온도에서 더 빨리 비활성화된 덕분에 신경전달물질을 분해할 효소가 없다. 그 결과 도파민이 시냅스synapse 근처를 배회하며 좀 더 오랫동안 뉴런neuron, 곧 신경세포 기능을 유발할 수 있게끔 한다. 도파민이 꾸준히 공급되면 브레인스토밍과 계획 능력을 포함한 전두엽의 활동이 강화된다. 이를 비롯한 여러 신경전달물질과 관련한 돌연변이들 덕분에 수백만 년 전 초기 인간들이 좀 더 앞서서 계획하고 전쟁과 굶주림 같은 미래 사건들을 예상할 수 있었을 것이다. 그리고 이런 사건을 예상할 수 있었기에 무기를 발명하고 농사를 배우는 등의 일을 한 것이다. 마찬가지로 미래의 기억은 우리가 시간감각을 이해하게 해주고 종교, 내세, 영원에 대한 믿음을 갖게 한다.

뇌의 반구를 자르는 또 다른 방법은 위, 중간, 아래로, 더 정확히 말하자면 배측 흐름dorsal stream, 중간 흐름intermediate stream, 복측 흐름ventral stream으로 3등분하는 것이다.

위쪽, 다시 말해 배측 흐름은 카우보이모자를 쓰는 자리 바로 밑에 있다. 미국 국립정신보건원National Institute of Mental Health의 레슬리 웅거라이더Leslie Ungerleider가 명명한 이 흐름은 주로 외부 환경에서 사물이 '어디' 있는가에 관여하고 사물의 움직임을 처리하는 데도 관여한다. 아래쪽, 복측 흐름은 외부세계, 특히 시각계에 있는 것이 '무엇'인가를 처리한다. 중간 흐름은 사건이 '언제' 일어나는가를 부호화하지만, 7장에서 설명할 언어 및 거울뉴런계mirror neuron system에도 긴밀하게 관여한다.

전전두피질의 배측과 그 부분을 상호연결하는 피질하subcortical 영역들은 '차가운 인지cold cognition' 즉 지각, 단기기억, 실행기억, 계획, 규칙 만들기 등의 사고 처리와 연관된다. 이 같은 사고를 생성하는 일뿐 아니라 적절한 맥락에서 정해진 성공과 실패의 규칙에 따라 여타의 사고를 억제하는 일 또한 담당한다. 삶은 스크래블이든 골프든 사업이든 간에 규칙과 우연으로 가득하고, 배측전전두피질 dorsal prefrontal cortex은 당신에게 충동에 따라 행동해도 괜찮을 때(게임에서 패를 내거나 공을 때리거나 주식을 사야 할 때)와 그래선 안 되는 때를 알려준다. 안와피질과 복내측전전두피질 ventromedial prefrontal cortex로 크게 구분되는 아래쪽, 즉 복측의 전전두피질 또한 비슷한 기능에 관여한다. 하지만 '뜨거운 인지 hot cognition', 다시 말해 정서기억과 사회, 윤리, 도덕을 바탕으로 한 행동을 하거나 하지 못하게 하는 일에 더 많이 관여한다. 배측전전두계 기능이 뛰어난 사람은 계획과 실행 기능이, 복측전전두계의 기능이 뛰어난 사람은 충동적이고 부적절한 대인관계와 사회적 행동을 제어하는 데 우월할 것이다. 마찬가지로 이 두 계의 기능이 부실하면 이런 고차원적인 행동을 이해하지도 못할 뿐더러 사회적으로 부적절한 상황에서 그런 행동을 제어하지도 못하게 된다.

남들과 관계를 맺는 데는 차가운(합리적) 인지도 필요하고 뜨거운(정서적) 인지도 필요하다. 남들이 어떻게 생각할지, 적절한 반응은 무엇일지 이해도 해야 하고, 남들의 느낌과 마음에 공감할(상대방이 경험할 느낌과 마음을 실제로 흡사하게 '느낄') 수도 있어야 한다는 말이다. 뜨거운 계통, 이를테면 안와피질이 손상된 사람은 남들의 사고도 예측할 수 없지만 자신의 느낌을 공유하지도 못할 것이다. 여기에서 공감 empathy과 '마음이론 theory of mind'을 나눌 수 있는데, 공감은 남들의 아픔에 대한 기본적 연대감으로서 생애의 매우 초기에 발달하고, 마음이론은 더 정교한 내측전전두계 medial prefrontal system에서 우리로 하여금 남들의 사고와 믿음을 비록 자신의 것과 다를지라도 고려할 수 있게 해준다. 자폐장애 환자는 마음이론이 없지만 공감을 못하지는 않는 반면, 사이코패스는 공감을 못하지만 마음이론이 없지는 않다. 사이코패스는 공감은 못해도 동정sympathy을 할 수는 있다. 동정은 정서기억을 인출하는 능력으로, 다른 사람에게 어떤 종류의 고통스러운 사건이 닥칠지를 예측하는 능력과 그 사람을 도우려는 의지의 결합물이다.

뇌 회로들은 성장 과정에서 각각 다른 시기에 발달한다. 미운 두살, 사춘기, 청소년 후기, 20대, 30대 중반에 대부분의 회로들이 성숙하지만, 어떤 회로는 60대에 들어서야 완전해지는 경우가 있다. 60대는 대개 삶의 많은 영역에서 통찰력, 인지력, 이해력 등이 절정에 달하는 시기로 꼽힌다.

루빅스 큐브 뇌의 중심은 피질 안쪽에 깊숙이 들어 있는 피질하 구조로 구성되고, 여기에는 대뇌기저핵basal ganglia, 시상thalamus, 뇌간brain stem이 포함된다. 대뇌기저핵은 인지와 감정이 상호작용하여 행동을 촉진하거나 그만두게 만드는 방식을 이해하는 데서 중요한 부위다. 이 부위에서는 마치 음과 양이 평형을 이루듯이 도파민과 엔도르핀endorphin이 인접 뉴런들에 서로 정반대 영향opposite effects을 끼치는데, 그 결과 동기부여, 욕구, 중독, 감각운동 활동을 비롯한 온갖 종류의 행동이 활력을 얻는다.

뉴런들이 연결되어 이루는 이른바 고리loop 수백만 개가 대뇌기저핵을 통과하면서 시상, 시상상부epithalamus, 시상밑부subthalamus, 시상하부hypothalamus라 불리는 시상구조와 뇌간, 소뇌 회로cerebellar circuit와 같은 피질하의 간이역들과 함께 피질의 명령 정보를 통합한다. 이 고리 가운데 일부는 똑같은 뇌 영역들을 연결하는 닫힌 (또는 직접적) 되먹임 고리closed feedback loop인 반면, 일부는 양상이 서로 다른 지각, 감정, 의식, 주의, 계획, 의지를 통합하기 위해 정보를 인접한 뇌 경로로 전달하는 열린 고리open loop다.

고리마다 평행한 두 경로가 들어 있는데, 하나는 행동을 유발하는 '해' 경로이고, 다른 하나는 무언가를 하지 못하게 하는 '하지 마' 경로다. 이 두 경로가 운동뉴런motor neuron으로 수렴되면 운동뉴런이 '해'(흥분)와 '하지 마'(억제)를 합산해 당신이 움직일지 말지를 결정한다. 도파민은 고리에서 '해' 경로 켜기와 '하지 마' 경로 끄기를 동시에 하는 까닭에, 당신이 소파에 누워 TV로 경기를 보다가 맥주를 가지러 가야겠다고 마음먹을 때 스위치가 켜지는 주요 신경전달물질이다. 도파민 세포가 죽어버린 사람들은 소파에서 일어설 능력이 없다. 파킨슨병이 있는 사람들은 일어서려는 의지(전전두피질)도 있고 일어서서 걷기 시작한다는 계획(전운동피질)과 명령신호(운동피질)도 있지만, '해' 경로를 활성화하고 '하지 마' 경로를 불활성화하는 도파민이 없어서 동작을 시작하지 못한다.

뇌 안에서 닫힌 회로와 열린 회로 수백만 개가 피질과 피질하 영역을 연결하고 있어서, 뇌의 넓은 영역은 가장 단순한 행동에까지 관여하게 된다. 그래서 PET나 fMRI 스캔 또는 뇌전도electroencephalography, EEG를 관찰하면, 손가락 하나만 까딱해도 피질과 피질하 영역 둘 다에서 많은 뇌 영역이 활성화되는 것을 볼 수 있다.

| 사이코패스의 뇌

에이먼이 보낸 살인자들의 뇌 스캔 사진을 살펴보기 전에, 나는 사이코패스에게서 두세 가지 특징이 나타날 거라고 예상했다. 아마 안와피질(전전두피질 가운데 안와, 즉 눈구멍의 바로 윗부분)과 그에 가까운 복내측전전두피질에서 활동이 저조할 터였다. 이들 부위가 억제, 사회적 행동, 윤리, 도덕성에 관여하기 때문이다. 사이코패스라면 측두엽의 앞쪽에도 손상이 있으리라 예상했다. 감정을 처리하는 편도체가 거기 있어서, 그곳이 손상되면 냉정하게 행동할 터였다. 이러한 결함은 내가 다른 사이코패스 살인자들의 뇌 스캔 사진에서 확인했던 것이기도 했고, 다른 연구실들의 공식적인 연구에서도 밝혀진 바였다.

그렇게 해서 나는 사이코패스 살인자의 것이라 여겨지는 뇌 스캔 사진들을 가리켰고, 번호를 찾아보고 내가 제대로 찍었음을 알 수 있었다. 신경과학자는 패턴을 보면 열광한다. 내가 지금까지 나비를 연구하고 있었다고 해도, 나는 흥분했을 것이다. 패턴이야말로 우리가 짜릿함을 얻는 곳이다. 내가 사이코패시에 진정으로 관심을 가지게 된 것도 바로 그때다.

이 뇌 스캔 사진들을 내가 몇 년에 걸쳐 수집한 사이코패스들의 사진과 합쳐 보니, 더 복잡한 패턴이 눈에 띄었다. 사이코패스에게서 내가 본 활성의 소실^{loss}은 안와피질에서 복내측전전두피질을 거쳐 전전두피질의 부분인 전측대상회$^{anterior\ cingulate}$로 연장된 다음, 계속해서 대상피질$^{cingulate\ cortex}$을 따라서 가는 띠 모양으로 고리를 그리며 뇌의 뒤쪽에 다다른 다음에 측두엽의 아래쪽으로 내려갔다가 측두엽의 맨 끝과 편도체로 들어간다(그림 3C).

활동이 소실된 이들 영역 모두로 구성되는 뇌의 주요 덩어리를

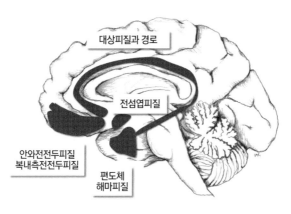

그림 3C | 사이코패스의 뇌에서 기능 장애가 보이는 영역

변연피질^{limbic cortex}, 또는 감정을 조절하는 주된 영역이라는 이유에서 감정피질^{emotional cortex}이라 부른다. 이 피질 기능 소실의 고리는 완전한 원 모양으로 나타나는데, 이때 내가 주목한 것은 안와피질, 대상피질, 측두피질^{temporal cortex}의 '연결장치' 역할을 하는 피질 조각인 섬엽^{insula}도 이들 사이코패스 살인자에게서 손상이나 기능 저하의 징후를 보인다는 점이었다. 사이코패스의 뇌에 관한 이전의 연구에서는 대부분 안와전전두피질^{orbital prefrontal cortex} 및 복내측 전전두피질과 편도체에 관심이 쏠려 있었다. 내가 채워 넣은 부분은 불안 및 공감과 관계 있는 다른 영역들을 확인해주는 동시에 사이코패스들이 때로는 그토록 침착함을 유지할 수 있는 이유도 설

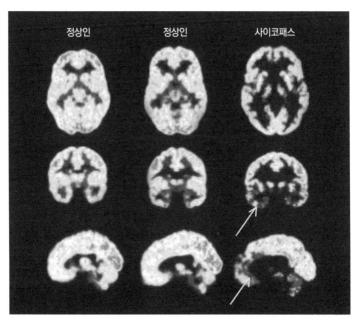

그림 3D | 정상인의 뇌와 사이코패스의 뇌를 PET로 스캔한 사진

명해주었다. 나는 이 패턴의 단순성과 우아함에 들뜬 나머지 어쩌면 내가 인간의 무시무시한 그림자를 이해하는 성배를 발견한 건지도 모른다고 생각했다.

나는 전두엽, 특히 전전두피질의 아래쪽(복측)과 안쪽(내측) 부분이 어떻게 작용하기에 사이코패시 특성들이 생겨나는지 궁금했다. 사이코패스는 보통 뜨거운 인지에 작용하는 복측계가 제대로 작동하지 않지만, 배측계는 정상이거나 오히려 비범해서 양심과 공감으로 괴로워하지 않는다. 그리고 약탈 행동에 관한 냉정한 계획과 실행법을 정교히 조율하고 설득력 있게 다듬으며 용의주도하게 가공할 만한 것으로 만들 수 있다. 사이코패스는 배측계가 너무도 잘 작동하기 때문에, 자신이 마음을 쓰는 것처럼 보이는 법을 배울 수 있어서 더욱더 위험하다(그림 3D).

사이코패스 병리학과 관계 있는 다른 뇌 영역으로는 측두엽의 전방 안쪽에 있는 편도체, 숨어서 안와피질과 전측두엽을 이어주는 섬엽, 전전두피질과 편도체를 고리 방식으로 연결해주는 대상피질과 해마방피질parahippocampal cortex이 있다. 사이코패스의 뇌를 구성하는 이들 영역은 나중에 2011년과 2012년에 미국 뉴멕시코 대학교 마인드연구소MIND Institute의 켄트 키엘Kent Kiehl 연구진이 철저하게 수행한 일련의 MRI 연구에서 모습을 드러냈다.

앞서 거론했듯이 이 모두가 변연피질, 다시 말해 감정을 처리하고 정교화하는 기능과 연관되는 피질로 뭉뚱그려진다. 이 영역이 사이코패스의 뇌를 이해하는 데 결정적인 이유는, 안와전전두피질과 복내측전전두피질뿐 아니라 변연피질 또한 잘못 발달하거나 초기에 손상을 입은 상태로 발견되기 때문이다. 이 발견은 놀라울 게 없었던 게, 이들 뇌 영역 모두가 이미 억제력 부족, 성욕 과다,

도덕적 추론 곤란에 작용하는 개별 증후군들과 연관되어왔다. 놀랍게도 사이코패스는 모두 다 이러한 뇌 영역의 활동이 저조했던 반면에, 다른 유형의 범죄자, 예컨대 일반 살인범은 그 패턴이 다르다는 점이었다. 일반 살인범의 경우 이들 영역 중 한 곳이 기능 저하를 보이곤 하지만 모든 영역이 한꺼번에 그러지는 않았다.

충동적인 사람들은 흔히 안와피질이 제대로 작동하지 않고 성욕이 과다하며, 쉽게 욱하는 사람들은 흔히 편도체의 기능에 문제가 있다. 해마방피질과 편도체에 손상을 입은 사람들에게서는 정서기억, 성욕, 사회적 행동이 부적절함을 흔히 볼 수 있고, 대상피질의 기능에 이상이 있는 사람들에게서는 기분을 조절하고 행동을 제어하는 데 문제가 생긴다. 하지만 이 변연피질, 전전두피질, 측두피질의 복합체 전체에 걸쳐 기능이 저하되는 패턴은 사이코패스의 뇌가 유일무이한 것으로 보였다. 그 원인이 출생전 발달, 출생전후 산모스트레스, 물질남용, 직접 외상 또는 '고위험' 유전자들의 심각하고 희귀한 조합 가운데 어떤 것이든 상관없이.

나는 그때까지 그 영역에서 전문가는 아니었다. 하지만 전전두엽과 측두엽 기능 저하의 조합에 관해 보고한 사람이 아무도 없었다는 데 주목하고는 학자들을 대상으로 내 이론을 발표해보기로 했다. 어차피 새로운 분야인 터라 확실한 권위자는 없었다. 다만 신경해부학적 배경이 있는 나는 뇌 회로들을 시각화하고 설명하도록 훈련받은 몸이었다. 나는 2005년에 미국, 유럽, 이스라엘에서 의대 및 로스쿨 몇 군데와 미국 국립과학재단 수리생물학연구소National Science Foundation Mathematical Biosciences Institute에서 그 주제에 관한 강연을 시작했다. 오하이오주립대학교 모리츠법과대학에서도 강연을 한 뒤, 그들의 권유로 사이코패스에 대한 나의 첫 논문을 쓰게 되었다. 나는 무엇이 이 끔찍한 놈들을 움직이고 폭발시켜 가장 악질적인 폭력을 저지르게끔 하는지 알고 싶었다.

| 드디어 발견하다

2005년, 나는 알츠하이머병 연구도 진행하고 있었다. 이를 위해 다수의 건강한 피험자를 비교분석할 필요가 있었다. 나는 우리 가족을 살펴보기로 했다. 그래서 어머니, 고모, 세 형제, 아내 다이앤, 나, 세 아이들의 뇌를 스캔했다. 다행스럽게도 모두 다 이상이 없는 것으로 드러났다. 최소한 알츠하이머병과 관련해서는.

그러다가 바로 그 놀라운 일이 벌어졌다. 나는 우리 가족의 뇌 스캔 사진들을 살펴보다가 어떤 사진을 보았고, 사이코패스 살인

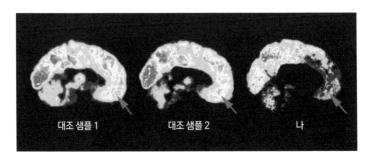

대조 샘플 1   대조 샘플 2   나

그림 3E ㅣ 나의 PET 스캔 사진

마들의 스캔 사진 중에 하나가 섞여 들어온 거라 생각했다. 그런데 그 사진은 나의 것이었다. 내게는 안와피질, 복측피질, 측두피질뿐 아니라 연결 조직에서도 전형적인 사이코패스의 특성이 있었다.

나는 나도 모르게 "말도 안 돼"라고 말했다. 한 방 얻어맞은 느낌이었다. 다음엔 그냥 껄껄 웃었다. 이어 혼잣말을 했다. "아, 알겠다. 몇 년에 걸쳐 살인자의 뇌를 보고 거기서 패턴을 찾으면 너의 뇌에서도 같은 패턴을 발견하게 된다 이거지. 웃기고 있네." 만일 한 순간이라도 나 자신을 정말로 사이코패스라고 생각했다면, 난 더 진지하게 반응했을 것이다. 하지만 난 그러지 않았다.

이렇게 눈앞의 사실을 부인한 이유 중 하나는, 내가 뇌와 행동을 연구하긴 하지만 사이코패스는 당시 내 연구 관심사가 아니었으므로 그에 대해 아는 게 거의 없었기 때문이다. 그때만 해도 내가 아는 사이코패스들은 대부분 폭력적이고 불안정하며 공감을 모르고 남을 조종하는 것에 능한 이들이었다. 누가 나를 사랑하든 미워하든 나는 범죄자는 아니었다. 내 뇌가 지금껏 연구해온 살인마들의 뇌와 많이 닮았을 수는 있겠지만, 나는 결코 누구를 죽이거나 무자비하게 폭행한 적이 없었다. 폭력을 가하거나 남을 해치는 환상조차도 품어본 적이 없었다. 나는 결혼해서 행복하게 사는 세 아이의 아버지이며 직업적으로도 성공한, 그러니까 지극히 정상적인 사내였다.

나는 사이코패시 강연을 다니다가 두세 번 사진 이야기를 꺼냈다. 사람들은 "거 참, 황당하네요. 그런데 그게 무슨 뜻이죠?"라며, 내 말을 이해하지 못했다. 아무도 나의 뇌 스캔 사진을 대수로이 여기지 않았다.

가족들에게도 그 스캔 사진에 대해 말했지만(물론 가족들은 과학자가 아니다), "어머, 재밌네"라는 말만 들었을 뿐이다. 아내 다이앤은 이렇게 말하기도 했다. "당신을 내 평생 알아왔지만, 날 때린 적은 단 한 번도 없어. 그 스캔 사진은 신기하지만, 백문이 불여일견이잖아. 물론 당신이 나쁜 짓을 많이 하긴 했지만 그 정도는 아니야."

그리고 나는 토를 달지 않았다.

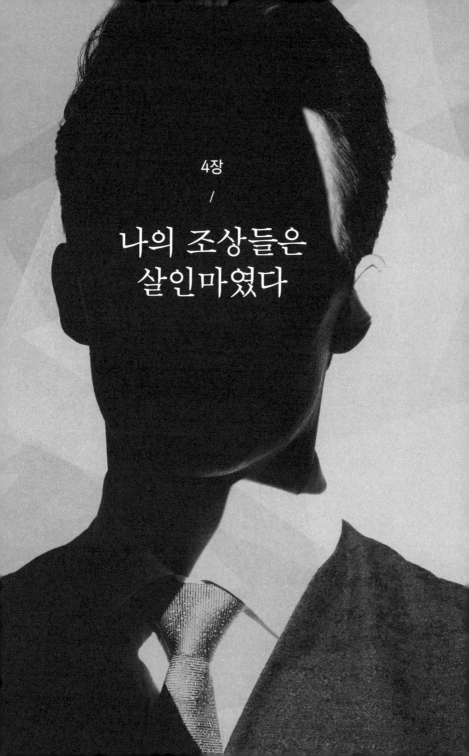

4장

/

나의 조상들은
살인마였다

내가 사이코패스라고 생각하지는 않았지만, 나의 뇌 스캔 사진이 사이코패스 살인마의 뇌 스캔 사진과 패턴이 완벽하게 일치한다는 의외의 사실은 내게 분명 멈칫할 이유가 되었다. 무엇이 사이코패스를 만드는가에 대해 잘 알고 있다고 그토록 확신했건만, 나의 뇌 패턴과 행동이 동떨어져 있다는 것은 내가 만든 사이코패스 이론이 틀렸거나 적어도 불완전하다는 의미일지도 몰랐다.

2개월 뒤, 다이앤과 나는 어느 일요일에 집 뒤뜰에서 바비큐 파티를 열었다. 내가 고기와 채소를 굽고 있는데, 어머니가 가만히 다가와 속삭였다. "듣자 하니, 네가 전국을 돌아다니면서 살인자 뇌에 관해 강연을 한다며." 어머니는 내가 몇몇 강연에서 나의 뇌가 살인자의 뇌를 꼭 닮았다고 말한 사실을 알고 있었다. "네가 보아야 할 게 있어."

어머니의 다음 말은 의미심장했다. "네 사촌 데이브가 얘기했던 역사책이 우리 가계에 관한 거란다. 뭐, 실은 네 친가쪽이다만." 신문 논설위원인 사촌 데이비드 보러 David Bohrer 는 계보학 애호가로 자료를 조사하다가 그 책을 마주쳤다. 데이비드가 나와 가족사 얘기를 한 지는 이미 여러 해가 되었고, 나에게도 그 책을 언급한 적이 있었다. 나는 책을 두어 달 전에 주문했지만 굳이 읽어보지는 않았다.

"저도 그 책 알아요, 엄마. 하지만 읽을 시간이 없었어요."

"한번 읽어보지 그러니?"

"엄마. 죄송하지만, 저녁 먹고 나서 볼게요."

어머니가 포기하지 않을 거라는 걸 알고 있었다. 어머니는 10대 때 알베르트 아인슈타인의 부인인 엘사 아인슈타인을 거리에서 보고, 아무도 뚫을 수 없던 철통 방어막을 뚫고 들어가 그녀 남편의 사인을 받아내는 데 성공했다. 60년 뒤에는 내가 로스앤젤레스 카운티미술관 바깥의 군중 속에서 어머니를 잃어버렸는데, 라디오 디제이 릭 디스 Rick Dees 를 주먹으로 때리고 있는 그녀를 15분 만에 발견했다. 어머니는 요즈음 음악이 너무 시끄럽고 가사도 남부끄러워서 혼내주었다고 했다. 나는 어머니가 우리 가족의 친구인 조지 칼린에게 그의 언사가 불경하다고 연설하시는 모습도 여러 번 보았다. 그토록 값싸고 저속한 말장난에 기대지 않아도 충분히 웃길 수 있다고 말이다. 여든아홉 나이에도 여전히 독설을 서슴지 않는 이 시칠리아섬 출신의 프린시페사principessa(공주라는 뜻의 이탈리아어-옮긴이)는 쉽게 물러설 사람이 아니었다. 하지만 요리를 하는 게 먼저라는 유서 깊은 규칙을 존중하여, 어머니는 잠깐 누그러졌다.

저녁을 마치고 30분 뒤 나는 잠깐 집무실로 빠져나와 더블 에스프레소 한 잔과 블랙 아니스 술 한 잔을 앞에 놓고 책을 대충 훑어보았다. 일레인 포먼 크레인Elaine Foman Crane이 쓴 《이상한 살인: 레베카 코넬의 죽음Killed Strangely: The Death of Rebecca Cornell》은 1673년에 일흔셋의 레베카 코넬이 마흔여섯 된 아들 토머스에 의해 살해된 사건을 추적하고 있었다. 이는 미국 식민지에서 일어난 최초의 모친 살해 사건 중 하나였다(코넬의 가계도는 역사광이라면 흥미를 느낄 만하다. 레베카는 코넬대학교의 설립자인 에즈라 코넬Ezra Cornell의 조상이기 때문이다).

레베카는 미국 로드아일랜드주 저택에서 토머스 등 자신의 가족과 함께 살고 있었다. 어느 날 밤 저녁식사 뒤 레베카는 자신의 침실 벽난로 곁에서 형체를 거의 알아볼 수 없게 타버린 상태로 발견되었다. '불행한 사고'인 것처럼 보였지만, 레베카의 남동생에게

곧 유령이 찾아와서는 살인이었음을 암시했다. 토머스는 어머니에게 경제적으로 의존하면서도 때로 난폭하게 굴었다. 사람들은 레베카의 시체를 파내어 조사했고, 그녀의 배에서 칼에 찔린 것일 수도 있는 수상한 상처를 발견했다. 증거가 빈약했음에도, 토머스는 유죄 선고를 받고 교수형을 당했다.

어머니가 레베카 얘기에 관심을 가진 건 단지 그녀의 비뚤어진 취향 탓이 아니었다. 데이비드가 알아낸 바에 따르면 레베카 코넬은 아버지의 아버지의 아버지의 아버지의 아버지의 아버지의 아버지의 고조할머니였다. 코넬 일가의 살인자는 또 있었다. 레베카는 1892년에 친부와 계모를 도끼로 살해한 혐의로 기소된 리지 보든Lizzie Borden의 직계 조상이기도 했다. 그러니 데이비드에 따르면 보든은 우리의 먼 친척인 셈이었다. 책은 1673년과 1892년 사이에 우리 부계에서 살인을 저질렀거나 살인 혐의를 받은 사람이 그 밖에도 몇 명 더 있다고 기록하고 있었다. 모두 다 가까운 가족을 살해한 것으로 의심되거나 판결받았다. 레베카의 후손 앨빈 코넬Alvin Cornell은 1843년, 아내 해나를 쇠로 된 삽자루로 가격한 다음 면도칼로 목을 그어 살해했다. 나는 생각에 잠겼다. 자신의 일족을 살해하는 코넬가의 살인 취향은 우리 가문의 빌어먹을 내력이 아니었을까. 그리고 다행스럽고도 결정적으로 그 내력이 19세기 말쯤 뜸해지면서, 나와 우리 아버지는 그쪽 가계로부터 몇 세대쯤 벗어나게 된 것이 아닐까.

데이비드와 또 다른 사촌인 아널드 팰런Arnold Fallon은 대단한 정력과 전문지식을 갖고 우리의 가계도를 조사했다. 뉴잉글랜드, 뉴욕, 캔자스, 캘리포니아에 흩어져 있는 공동묘지를 방문하는 등 지치지 않는 노력을 통해 데이비드와 아널드는 새로운 소식들을 끊임없이 찾아냈다. 2011년과 2012년에는 새로운 두 부계 혈통을 발견했다. 한 혈통에는 혐의나 판결을 받은 살인자들이 여성 두 명을 포함해 총 일곱 명이나 있었고, 다른 혈통의 남자들은 딴 여자 때문에 또는 전혀 알 수 없는 이유로 조강지처와 가족을 떠나는 취미가 있었다. 두 부계 혈통과 코넬가의 남성 조상들은 직계가족에게만 몰인정하거나 노골적인 살의를 보였고, 낯선 사람들에게는 절대 그러지 않았다.

12~13세기까지 더 거슬러 올라가면 나의 먼 할아버지로 존 래클랜드John Lackland 왕이 있다. 존 왕은 영국 입헌주의의 시작을 알린 마그나카르타Magna Carta(대헌장)를 승인했지만 가장 잔인하고 미움받은 왕으로 알려져 있다. 존은 둘째가라면 서러운 사기꾼이었고, 도덕관념도 없었으며(가까운 친구 하나가 언젠가 나에 관해 똑같이 말했다), 신뢰할 수도 없었고, 유머감각 또한 '짓궂었다'(밥 삼

존이 언젠가 나에게 한 말). 매우 높은 에너지의 소유자(조증은 아니라도 경조증이었을)였던 존 왕은 극도로 의심이 많고 불안정하고 잔인하며 무자비했다. 그와 동시대에 살았던 어떤 사람은 이렇게 말했다. "존은 폭군이었다. 왕답지 않은 사악한 통치자였다. 탐욕스럽고 국민들한테서 엄청난 돈을 빼앗았다. 그처럼 끔찍한 사람한테는 지옥도 과분하다." 사학자 랠프 터너 Ralph Turner 는 《존 왕: 영국의 사악한 왕? King John: England's Evil King?》에서 이렇게 말했다. "존은 크게 성공할 잠재력이 있었다. 행정 수완이 있었고, 군사작전을 짜는 데도 소질을 보였다. 그러나 너무도 많은 인격적 결함이 그의 발목을 잡았다."

존의 아버지인 헨리 2세 Henry II 도 격분하는 인격이었다는 점에서는 존과 같았다. 때때로 둘은 분개한 나머지 입에 거품을 물었는데, 헨리 2세는 자기 아들에 의해 왕좌에서 끌어내려졌다. 헨리 3세 Henry III 와 에드워드 1세 Edward I 도 존 왕처럼, 약간 공격적이고 충동적이며 비열한 것으로 알려져 있고, 세 사람 모두 유대인에게 잔인했다. 헨리 3세는 유대인들에게 '수치의 배지'를 달게 했고, 에드워드 1세는 1290년에 영국에서 유대인을 추방했는데, 이미 300명을 처형한 다음이었다. 에드워드 1세는 공포의 대상이었다. 그는 덩치도 크고 힘도 세며 공격적이어서 1264년《루이스의 노래 The

Song of Lewes》에서는 경멸의 의미를 담아 표범으로 불리기도 했다. 역사가 마이클 프레스트위치 Michael Prestwich 는 세인트폴의 주임사제가 징세 문제로 맞서다 왕의 발밑에서 즉사했다고 썼다. 분명 살해당했을 것이다.

다이앤과 나는 2004년 웨일스에 있는 '가문'의 성인 케어필리성을 방문했다. 이곳은 길버트 드클레어 Gilbert de Clare 의 보금자리였다. 그도 1264년 캔터베리에서 유대인을 학살했다. 조상 중에는 존 피철런 John Fitzalan 도 있다. 피철런은 군사작전 도중에 한 수녀원에서 여장을 풀었는데, 거기서 부하들이(아마 그도 포함해서) 그곳의 모든 여자들을 강간하고, 이웃한 브르타뉴를 약탈했다. 그는 해안을 떠나자마자 부하 몇을 폭풍에 겁먹었다는 이유로 살해했다. 이런 예들은 아직 맛보기일 뿐이지만, 내가 고귀한 혈통의 출신이 아님을 말하기에는 충분했다.

어머니는 시칠리아 이민자의 딸이다. 출세를 위해 미국에 온 많은 이민자처럼, 어머니의 부모도 살면서 의심스러운 활동에 종사한 적이 있다. 나의 외할아버지는 법정 통역사, 이발사, 핀세터 pinsetter (볼링 레인에 핀을 세우는 사람-옮긴이), 악사 등 다양한 직업을 가졌지만, 포킵시에서 매주 브루클린으로 출근하여 숫자를 관리하거나 불법 복권을 발행하기도 하고 자신의 식당을 열기에 충분할 만큼 밀매품을 팔기도 했다. 당시는 금주법 시대였는데, 어머니를 포함한 자식들도 맥주를 밀매하여 외할아버지에게 힘을 보탰다. 자신들의 불미스러운 뿌리에 대해서는 아무것도 모르는 아버지와 친가 식구들은 이런 과거를 들먹여 어머니를 놀려댔다. 그래서 피에 굶주린 아버지의 조상들에 관해 말하는 어머니의 눈에서 사악한 반짝임을 눈치채고도 나는 놀라지 않았다.

나의 뇌 스캔 사진을 보았을 때와 마찬가지로,《이상한 살인》을 알게 되고 나중에 더 많은 사실까지 발견했다고 괴롭지는 않았다. 나에게 그건 오히려 떠벌리고 다닐 만한 뜻밖의 비밀과도 같았다.

계보학은 유전학이 아니라는 점도 잘 알고 있었다. 세대가 섞일 때마다 유전적 영향력이 희석되는 정도를 놓고 볼 때, 한 사람의 혈통이 수 세기에 걸쳐 악행으로 얼룩졌다고 해서 그로 인해 그 사람이 왜 그리고 어떻게 (잘못) 행동할지 결정된다고 주장하기는 어렵다. 그럼에도 우리는 가계 안에 최소한 두 줄기의 살인자 핏줄과 한 줄기의 바람둥이 핏줄이 흐르고 있음을 알게 됐다. 나는 이런 특성의 성향이 많은 세대를 거쳐 현재에 이르렀을 때 얼마나 남아 있을지 궁금했다. 얘기는 복잡해진다. 나의 아버지와 할아버지 해리 코넬 팰런 그리고 두 삼촌은 양심적 병역 거부자였음에도 제2차 세계대전 때 이오지마, 뉴기니, 뉴칼레도니아 전투에 위생병으로 참전했다. 그러나 여기서 내가 지적해야 하는 것은 할아버지가 싸움을 끔찍이 좋아했다는 점이다. 게다가 형제와 사촌 중에서도 최소한 다섯은 권투 선수나 길거리 싸움꾼이다. 이들은 실제로 싸움을 좋아하고, 더군다나 혼자서 여럿을 상대하려 든다. 이 늠름한 사나이들은 두려움을 모르며 공격적이다. 하지만 한편으로 엄청나게 파티를 좋아하고 재미있으며 영리하기도 하다.

나의 가족사에 의미를 부여한 것은 내가 나의 유전자에 관해 알기 시작한 때부터다. 알츠하이머 환자의 뇌 스캔 연구 중 일부로, 나는 가족의 혈액 표본을 채취해둔 상태였다. 그래서 나의 뇌 스캔 사진을 보자마자, 그 표본에서 공격 관련 특성을 대조해봐야겠다고 결심했다.

| 95퍼센트의 수수께끼 속 비밀

유전자는 어떻게 행동에 영향을 미칠까? 이 질문에 대한 답을 얻으려면 유전학의 기초를 이해해야 한다.

인간의 유전체genome에는 대략 2만 개의 유전자가 있다. 유전자들은 마흔여섯 개(스물세 쌍) 염색체chromosome 안에 들어 있다. 이들 염색체는 한 벌은 어머니에게서 오고 한 벌은 아버지에게서 와 쌍을 이루는데 체세포의 핵 안에 들어 있다. 마흔여섯 개 염색체 가 전부 들어 있지 않은 유일한 세포는 정소나 난소에 있는 생식세 포다. 생식세포는 저마다 스물세 개 염색체를, 다시 말해 체세포에 들어 있는 수의 절반을 가지고 있다. 마흔여섯 개 염색체를 담고 있는 세포들은 두 쌍을 다 담고 있어서 2배체세포diploid cell라 하고, 생식세포들은 반수체haploid라 부른다.

염색체는 DNA, 즉 세포의 가장 중요한 청사진으로 구성되어 있다. DNA는 염기라 불리는 네 화학물질의 서열에 따라 부호화된 다. 염기들은 쌍을 이루어 정착하며, T(티민)는 A(아데닌)와, G(구 아닌)는 C(시토신)와 결합한다. 염색체 마흔여섯 개(2배체세포) 의 유전체는 60억 개가 넘는 염기쌍을 담고 있다. 유전자라 불리는 염기쌍의 서열은 단백질과 같은 유전자 산물들을 부호화하고 생 산한다. 염기쌍 중 단 하나만 돌연변이에 의해, 이를테면 자외선이 나 바이러스나 담배연기에 의해 변질되어도 생성되는 단백질에는 대개 결함이 생길 것이다.

돌연변이 중 일부는 치명적이지 않아서 세포와 개체군population 에 의해 보관된다. 이들을 단일뉴클레오티드다형성single nucleotide polymorphism, 즉 SNP라 부른다. 변화가 인간 개체군의 1퍼센트 미만에서 발견되면 돌연변이라 하고, 1퍼센트 이상에서 발견되면 전형적으로 SNP라 부른다. 인간에게는 약 2,000만 개의 SNP가 있고, 이것이 곱슬머리에서 비만을 거쳐 마약중독에 이르기까지 사람들의 외모와 행동의 다양성을 설명해준다. 1990년대 이래로 여러 특성과 질환의 유전적 '원인'에 대한 사냥이 집중된 장소가 바로 이 SNP다.

그 밖에 중요한 유전부호genetic code 변경에는 소위 촉진자promoter와 억제자inhibitor, 즉 산물을 만드는 능력을 조절하는 유전자 조각이 관련된다. 이 둘의 조절을 받아 만들어진 산물의 일부가 신경전달물질의 행동을 조절한다. 따라서 촉진자와 억제자는 유전자의 휘발유와 브레이크 페달처럼 뇌에서 세로토닌serotonin이나 도파민 같은 신경전달물질의 전달을 제어한다. 세로토닌은 우울증, 양극성장애, 수면장애, 섭식장애, 조현병, 환각, 공황장애는 물론 사이코패시와도 관련되는데, 분해효소는 MAO-A이다. 이 효소를 생산하는 (하이픈이 없는) 유전자 MAOA의 촉진자는 짧거나 긴 형태 둘 중 한 가지다. 짧은 촉진자를 가진 MAOA 유전자의 변형은 공격적 행동과 연관되어왔고 '전사유전자warrior gene'(전사유전자 transcription gene와 다른 유전자다-옮긴이)라고 불린다.

병을 일으키는 데 연관되는 SNP는 아마도 20개나 50개 또는 그 이상이 있을 것이다. 그런 만큼 전사유전자가 공격성, 폭력성, 보복성을 '일으킨다'는 말은 유전학자들로부터 야유를 받을 것이다. 유달리 폭력적인 사람들에게는 아마도 수십 개 또는 그 이상의 '전사유전자'가 있을 것이기 때문이다. 반대로, 유전학의 대부 그레고어 멘델Gregor Mendel의 이름을 딴 멘델유전병Mendelian disease 같은 간단한 병조차도 그 병을 앓는 50명에게서 50가지 다른 장애로 나타날 수 있다. 일례로 낭성섬유증cystic fibrosis은 폐와 장과 분비선에서 수분평형water balance을 조절하는 세포막 안의 염소통로chloride channel를 부호화하는 유전자에 생긴 단 하나의 돌연변이가 원인이 되어 일어난다. 이 경우 염소통로에 발생한 그 하나의 돌연변이가 다른 세포와 기관의 성분에 영향을 미친다. 이러한 유전자 – 유전자 상호작용, 더 정확히 말해서 유전자 산물 – 유전자 산물 상호작용을 상위epistasis라 하는데, 정신장애까지 포함한 모든 종류의 병의 원인, 증상, 치료법을 결정할 때는 이 효과도 고려해야 한다.

신경전달물질 도파민은 여러 정신장애와 관련이 있다. 도파민 전달을 증대시키는 약물은 우울증을 완화할 수 있고, 도파민 전달을 감소시키는 약물은 조현병에 효과가 있다. 도파민은 대부분 중뇌midbrain에서 생산된다. 도파민은 정확히 무엇이 일어날지가 아니라, 무언가가 얼마나 빨리 얼마나 강하게 그리고 얼마나 오래 일어나느냐를 결정한다. 자동차에 달린 가속 페달과 같다.

세로토닌이나 도파민과 같은 모노아민monoamine이 얼마나 많은 영향을 주느냐는 그 사람의 유전자 구성과 바탕에 있는 회로(특히 이들 신경전달물질의 합성을 통제하는 유전자들을 위한)의 성숙도에 달렸다. 하지만 훨씬 더 중요한 요인은 MAO-A와 같은 신경전달물질을 분해하여 시냅스 반응을 종료시키는 효소다. 이처럼 수십 가지에 이르는 모노아민 수용체의 합성 및 활동 수준도 중요하고, 시냅스의 막단백질membrane protein 전달체의 효능을 통제하는 유전자도 중요하다. 시냅스, 즉 세포들 사이 공간에서 신경전달물질을 끌어내 신호 전파를 멈추는 이들 전달체는 일부 상당히 색다른 뇌 기능, 예컨대 창조적 춤 동작이나 영적 느낌과도 연관된다.

모노아민 관련 유전자들의 다양한 대립유전자allele(쌍이 될 수 있는 대립 형식의 유전자-옮긴이) 조합뿐 아니라 글루탐산, 아미노산인 감마아미노부티르산gamma amino butyric acid, GABA, 콜린계cholinergic system도 이 피질들 안에 있으니, '정상' 전전두피질이 수천 종류가 있음은 명백하다. 이 수천 가지 유형의 전전두피질은 기억, 감성, 공격성, 성적 성향 같은 가변적인 특성에 차이를 보일 것이다. 마찬가지로 조현병이나 우울증에 걸리는 방법도 무한하다. 일부 전전두엽 장애는 다른 전전두엽 장애들보다 더 복잡한데, 조현병이 가장 복잡한 장애에 속한다. 관련 신경계 조합과 유전적 요인을 모두 고려하면, 아마 사이코패스가 되는 방법도 무수히 많을 것이다. 불행히도 사이코패스 뇌의 생물학적 기초, 특히 유전학에 대해서는 알려진 게 거의 없다.

2만 개 유전자, 46개 염색체, 60억 염기쌍에 실려 있는 정보는 이야기의 5퍼센트만 담고 있다. 나머지 95퍼센트는 비부호핵산non-coding nucleic acid이라는, 아직도 수수께끼 같은 장식물 안에 있다. DNA와 RNA 조각들인 이 비부호핵산은 유전부호가 핵에서 궁극적으로 무엇을 생산하느냐에 지대한 영향을 미친다고 믿어진다. 세포의 기능, 조직세포와 기관세포 사이의 사회적 상호작용, 기관계 사이의 상호작용 그리고 사이코패스가 날마다 타인을 이용하려 계획하고 범죄를 실행하는 데 영향을 미치기도 한다. 유전정보가 세포핵 안에 실제로 배치된 방식을 보는 어떤 방법은 우리모두가 배운 방식과 사뭇 다르다. 46개 염색체 전부가 고전적인 X자 모양으로 똘똘 말려 있을 때는 세포가 분열하는 짧은 동안이다. 대부분의 시간 동안 DNA는, 마치 그릇에 담겨 나오는 파스타처럼 긴 가닥으로 풀어져 있다. 긴 파스타 가닥들(DNA 가닥들)이 떠 있는 수프에는 국물과 양념과 푸성귀들(전이인자transposable element들과 기타 비부호 DNA와 RNA의 작은 조각들)이 담겨 있고 이따금 미트볼(히스톤^{histone}, DNA를 감는 실패 역할을 하는 단백질)이 섞여 있다.

이 비유전자 구조들이 조현병, 우울증, 중독을 비롯해 많은 형태의 암과 면역장애를 포함한 일부 장애와도 관련이 있는 것처럼 보인다. 이들 인자는 우리가 진화하며 바이러스나 세균 같은 다른 유기체에서 인수한 것으로 보이지만, 우리가 먹는 음식에서 오기도 한다. 지금까지는 '쓰레기 DNA^{junk DNA}'로 여겨지던 것이(여전히 그 기능 대부분은 여전히 수수께끼지만) 특정한 역할을 하는 것으로 밝혀진 것이다. 이를 발견해 노벨상을 받은 사람이 미국의 생리학자 바버라 매클린톡^{Barbara McClintock}이다.

이 비부호화 유전조절체의 존재가 함축하는 것은 설사 우리가 사이코패시의 바탕을 이루는 부호화 유전자 조합을 찾아내더라도, 비부호화 핵심인자와 이들이 이루는 조합은 100만 가지가 넘을 거라는 점이다. 하지만 우리가 파악한 사실도 있다.

| 복잡한 미로 같은 사이코패시 유전학

2006년에 나는 전사유전자가 공격성과 폭력성에 영향을 미친다는 사실을 알고 있었고, 이 대립유전자는 분명 사이코패스의 특성과 연관될 가능성이 있었다. 그 외에도 많은 유전자가 사이코패스의 특성에 영향을 미칠 것이라고 가정했는데, 공격성에 영향을 미칠 수 있는 후보는 대여섯 가지였다.

모노아민 신경전달물질 또는 통칭 조절인자^{modulator}들은 뇌 안의 음량 단추와 같다. 뉴런들은 신경전달물질이라 불리는 아주 작은 분자를 뉴런들 사이 틈새인 시냅스로 방출함으로써 서로에게 '말'을 한다. 신호를 보내는 뉴런이 한 묶음의 전달물질을 방출하면, 전달물질은 신호를 받는 뉴런에 박힌 수용체에 꽂힘으로써 그 뉴런의 행동을 변화시킨다. 그런 다음 전달물질은 분해되거나 신호를 보낸 뉴런의 안쪽으로 다시 전달된다. 가장 중요한 두 신경전달물질이 글루탐산과 GABA다. 글루탐산은 흥분성이다. 방출되어 수용체를 만나면 그 두 번째 뉴런이 '발화'하여 더 많은 뉴런들로 하여금 자신의 신경전달물질들을 보내도록 촉진한다는 뜻이다. GABA는 주요 억제성신경전달물질$^{inhibitory\ neurotransmitter}$이다. 뉴런들에게 발화하지 말라고 말한다는 의미다. GABA가 없다면, 뇌는 돌아버릴 것이다.

글루탐산과 GABA는 타고나는 행동들의 기초를 형성한다. 하지만 만일 이 둘만 일을 한다면 당신의 기계는 좀 둔할 것이다. 모노아민들, 특히 세로토닌, 도파민, 노르에피네프린norepinephrine은 시냅스의 송신을 조절하고 기계가 더 매끄럽게 작동하게끔 돕는다. 이들이 조현병에서 우울증과 양극성장애에 이르는 정신장애에 가장 많이 연관되는 전달물질이다. 예컨대 프로작Prozac과 졸로프트Zoloft 등 가장 대중적인 항우울제들은 SSRI, 즉 선택(적) 세로토닌 재흡수 억제제selective serotonin reuptake inhibitor다. 이들은 신호를 보내는 뉴런으로 세로토닌이 다시 흡수되는 것을 방지함으로써 세로토닌이 자기 일을 계속하게 해준다. 덜 대중적인 유형의 항우울제인 MAOI, 다시 말해 모노아민 산화효소 억제제monoamine oxidase inhibitor는 MAO-A와 MAO-B 효소를 차단한다. 이들 효소는 모노아민을 분해해서, 이들을 차단하면 세로토닌 전달이 증가한다.

가장 흔한 오해는 '저세로토닌계low-serotonin system'인 사람은 세로토닌을 더 많이 섭취하거나 기능식품 또는 일반식품을 먹음으로써 뇌 안의 세로토닌 양을 직접 늘릴 수 있다는 것이다. 그러나 뇌의 시스템은 되먹임에 의해 조절되면서 미묘하게 조율된다. 모든 유전자들은 한 세포의 시스템 안에서 서로 상호작용하고, 그 세포의 조직, 즉 신경회로의 다양한 수준에서 서로 간에도 상호작용하며, 그 너머에서도 상호작용한다. 하지만 유전학과 후성유전학epigenetics의 복잡성에도 불구하고, 많은 연구 결과가 우리에게 행동의 일차적 요인은 환경이 아니라 유전임을 끊임없이 상기시키고 있다.

전사유전자는 MAO-A 효소를 생산하는 MAOA 유전자의 한 형태로, 이 MAO-A 효소가 덜 생산되게 한다. 모노아민을 분해하는 이 효소가 부족하면, 결국은 세로토닌을 포함한 모노아민이 지나치게 많아진다. 언뜻 생각하면 좋을 것 같지만 뇌는 복잡계이고 무엇이든 지나치게 많은 것은 바람직하지 않다.

태아의 뇌가 발달하는 동안 세로토닌은 일찍부터 방출된다. 가장 먼저 발달하는 신경전달물질계의 하나이기 때문이다. 그래서 태아가 저활성·고위험 형태의 유전자 MAOA 촉진자를 물려받았다면, MAO-A 효소가 덜 생산되어 세로토닌과 같은 모노아민 분해가 덜 될 것이다. 그리고 태아의 뇌는 정상보다 많은 양의 신경전달물질 속에서 목욕하게 될 것이다. 지나치게 많은 신경전달물질이나 호르몬에 대해 우리 몸이 보이는 반응은 화학물질의 효과를 약화하려 애쓰는 것이다. 그 결과 신경전달물질이나 호르몬의 수용체를 덜 생산하고, 뿐만 아니라 그 범람으로 영향을 받는 뇌 영역들의 크기와 세포 구조와 연결까지 바꿀 것이다. 태아 발달기에 탈선된 영역들은 출생 이후 성인기에 들어서서도 꽤 많이 탈선된 채로 남아 있다. 그런 만큼 이런 종류의 변질된 뇌 영역은 세로토닌이 방출될 때 평균적인 뇌와는 다르게 반응할 것이다.

예컨대 화가 나는 일이 생겼다고 해보자. 그러면 세로토닌이 다량으로 방출되겠지만 어디서도 반응이 오지 않는다. 즉 1분쯤 있다가 분노와 격정의 스위치를 꺼야 하는 두뇌의 영역이 이미 영구적으로 변형되어서 반응할 뉴런도 별로 없고 스위치를 켜고 끌 세로토닌 수용체도 드물게 되었다는 얘기다. 이처럼 태아기와 출생 뒤 초기 뇌 발달에 영향을 미치는 유전적 효과는 흔하다. 이 모든 일의 원인이 전사유전자임을 증명한 사람은 아직 없지만, 감정을 조절하는 신경전달물질계를 잘못 건드리면 반드시 문제들이 생긴다는 건 분명하다.

행동적 증거들이 이 예측을 뒷받침한다. 1990년대에는 MAO-A를 생산하는 유전자를 완전히 없앤 생쥐가 더 공격적이 된다고 밝혀졌다. 네덜란드의 연구자 한 브루네르Han Brunner와 동료들은 네덜란드의 어느 집안에서 여러 세대의 남자들이 희귀한 돌연변이를 보여 MAO-A 효소를 거의 생산하지 않을뿐더러, 방화, 노출증, 강간미수 등 유난히 부적절한 행동과 범죄를 보인다는 사실을 발견했다. 킹스칼리지런던의 아브샬롬 카스피Avshalom Caspi와 테리 모핏Terrie Moffitt은 저생산 형태의 MAOA 유전자를 가진 소년들의 통계를 광범하게 분석한 결과, 그들에게 ADHD와 반사회적 행동 등

정신건강 문제가 다른 소년들보다 훨씬 더 많이 발생하는 걸 발견했다. 플로리다주립대학교의 케빈 비버 Kevin Beaver와 동료들은 전사유전자를 가진 남성들이 갱단에 합류할 가능성이 더 높음을 발견했다. 이들은 흉포한 갱단의 동료들과 비교해서 더 폭력적이었고 싸움에서 무기를 사용할 가능성도 두 배나 높았다. 브라운대학교의 로즈 맥더모트 Rose McDermott, 프린스턴대학교의 더스틴 팅글리 Dustin Tingley와 동료들이 실시한 연구에서는, 전사유전자를 가진 피험자들이 도발에 더 공격적으로 반응했다. 다시 말하자면, 이들은 경제학 게임을 하는 동안 자신이 번 것을 가져가는 상대에게 뜨거운 맛을 보여줄 가능성이 더 높았다.

전사유전자는 뇌 구조의 변화와도 연관되어왔다. 미국 국립보건원의 안드레아스 마이어-린덴베르크 Andreas Meyer-Lindenberg와 동료들이 시행한 연구에서는 전사유전자가 편도체, 전대상피질, 안와피질, 즉 반사회적 행동과 사이코패시에 연관되는 모든 영역의 부피를 8퍼센트 줄인다는 사실을 발견했다.

전사유전자의 효과는 일반적으로 남성에게서 나타난다. 전사유전자가 이른바 두 성염색체 가운데 Y염색체가 아닌 X염색체에 위치하기 때문이다. 이런 일은 X염색체의 약 30퍼센트에서 일어난다. 누구나 알듯이, 여성의 성염색체 조합은 XX이고 남성의 조합은 XY다. 남성은 어머니에게서 단 하나의 X염색체를 물려받기 때문에 만일 저기능의 변종을 받으면 상쇄할 다른 유전자가 없다. 확실하게 영향을 받을 수밖에 없는 이유다. 여성은 X를 아버지와 어머니에게서 각각 하나씩 받는다. 수정이 되고 초기 난세포 분열이 끝나고 나면, 여성에게서 쌍을 이루는 두 X염색체 중 하나는 무작위로 활성이 사라지지만, MAOA를 포함한 일부 유전자는 활성이 유지된다. 따라서 여성이 MAO-A 효소가 충분하지 않아 지나치게 많은 세로토닌을 가지려면 저발현 형태의 MAOA 유전자가 양쪽 X상에 필요하다. 그래서 여성은 남성만큼 전사유전자의 영향을 쉽게 받지 않는다. 각각의 X염색체에서 전사유전자가 발생할 확률이 30퍼센트여서, 여성이 양쪽에 전사유전자를 가질 확률은 30퍼센트 곱하기 30퍼센트, 즉 9퍼센트다. 이는 인구 중에서 공격적 남성이 공격적 여성보다 많은 이유를 부분적으로는 설명해준다. 그리고 여성보다 남성에게서 공격적 행동에 더 많은 영향을 끼치는 테스토스테론testosterone의 존재가 이 차이를 더 크게 한다.

사이코패시 유전학을 이해하고자 한다면 세로토닌 전달체, 즉 시냅스로부터 세로토닌을 수거하여 재활용을 위해 세로토닌 뉴런으로 돌려보내는 단백질을 담당하는 유전자도 살펴보는 게 좋을 것이다. 이 전달체의 유전자 근처에는 그 촉진자, 다시 말해 전달체의 생산을 유발하는 DNA 조각이 있다. 촉진자 중에서 길이가 긴 변종은 전달체를 과잉생산하여 시냅스에서 돌아다니는 세로토닌을 감소시킨다는 점에서, 암페타민, 코카인, 엑스터시 같은 마약의 효과뿐만 아니라 외상후스트레스장애와 알츠하이머 환자의 공격적 행동을 살펴볼 때도 상당히 중요하다. 이 촉진자의 고위험 변종은 알코올중독, 우울증, 사회공포증, 고혈압, 강박장애뿐만 아니라 낭만적 사랑을 경험하고 표현하기 어려워하는 특성과도 연관된다. 물려주고 싶은 유전적 변종은 아니다.

세로토닌 말고도, 도파민 역시 사이코패스와 상관있다. 2010년, 밴더빌트대학교 조슈아 부크홀츠Joshua Buckholtz는 사이코패시가 뇌 안에 도파민이 과다하게 방출되는 것과 연관 있음을 보여주었다. 도파민이 많다는 건 보상을 추구하는 욕구가 과다하다는 뜻인데, 도파민 전달을 증대시키는 유전자들은 사이코패스에게서 흔히 보이는 중독행동addictive behavior을 설명할 수 있을 것이다. 사이코패스들은 마약에서든, 성행위에서든, 소름 끼치는 폭력에서든 점점 더 많은 자극을 찾기 때문이다.

사이코패시와 연관 있을 수 있는 또 하나의 유전자는 부신피질자극호르몬방출호르몬corticotropin-releasing hormone, CRH을 생산한다. 편도체에 들어 있는 CRH는 몸의 스트레스 반응을 활성화하고 흔히 중독이 재발하기 직전에 생성된다. 깊은 갈망, 상실, 불안의 느낌을 유발한다고도 알려져 있다. 사랑하는 사람이 죽었을 때, 끊임없는 불안에 짓눌릴 때, 중독자가 금단증상에 빠짐으로써 '실연'을 겪을 때처럼 말이다. CRH와 여러 스트레스 호르몬 또는 그것들의 수용체를 조절하는 유전자가 저기능 유형인 사람들은 일부 사이코패스가 그렇듯이, 스트레스와 불안을 별로 느끼지 못할 것이다.

보통 편도체를 활성화하는 스트레스는 결국은 뇌간에서 세로토닌을 생산하는 뉴런들을 활성화할 것이다. 그래서 격심한 불안과 스트레스는 급속히 세로토닌을 방출시켜 궁극적으로 스트레스를 상쇄할 것이다. 정상인은 화가 나도 머지않아 세로토닌에 반응하여 누그러지면서 스트레스의 고리가 끊길 것이다. 세로토닌에 반응하는 뇌 영역들의 기능이 떨어져 있거나 세로토닌이 충분히 방출되지 않는다면, 분노 반응을 일으키는 스트레스 요인이 세로토닌에 의해 꺼지지 않을 것이다. 반응은 모든 세로토닌 관련 화학물질(전달체, MAO-A, 세로토닌 수용체의 하위 유형들, 효소들)과 변연영역의 상호작용에 의존한다. 어떤 경우는 분노 반응이 몇 분이 아니라 몇 시간 동안이나 계속될 것이다. 이 모든 변수에다 변연계 구조의 초기 발달 차이를 보태고 유전과 산모의 스트레스가 영향을 끼치는 점을 놓고 보면, 인류에게 그토록 많은 유형의 스트레스 반응과 분노 반응이 있는 이유를 쉽게 알 수 있다. 사이코패스에도 다양한 하위유형이 존재하겠지만, 그들은 대개 편도체와 안와/복내측 피질 및 대상피질의 기능이 부실해서 애초부터 스트레스와 불안이 거의 없다.

공감을 담당하는, 그래서 사이코패스의 원인을 이해하는 데서 대단히 흥미로운 유전자는 옥시토신oxytocin과 바소프레신vasopressin의 기능에 영향을 주는 일정 범위의 대립유전자들이다. 옥시토신은 사회적 상황에서 편도체의 공포 반응을 줄이고 신뢰할 수 있게 하며, 특히 여성에게서 출산·양육·성행위 중에 고농도로 방출된다. 바소프레신은 특히 남성에게서 짝짓기를 가능하게 한다. 뇌의 보상중추reward center에 바소프레신 수용체가 있는 들쥐류는 수컷 한 마리가 암컷 한 마리와 짝을 짓게 된다. 에모리대학교의 엘리자베스 해먹Elizabeth Hammock과 래리 영Larry Young, 레딩대학교와 케임브리지대학교의 비스마데브 차크라바르티Bhismadev Chakrabarti와 사이먼 배런코언Simon Baron-Cohen, 미국 국립정신보건원의 토머스 인셀Thomas Insel, UC 버클리의 대처 켈트너Dacher Keltner 연구진과 사리나 로드리게스Sarina Rodrigues 연구진, 클레어몬트대학원대학교의 폴 자크Paul Zak가 2005년부터 2010년에 걸쳐 해온 연구들은 공감적인 측면에서 이 대립유전자들이 하는 역할을 보여준다. 폴 자크는 최근에 테스토스테론 수용체 유전자들도 관대함과 공감에 영향을 미침을 보여주었다.

공감 및 공격 특성 연관 유전자의 대립유전자들은 사이코패시를 이해하는 데서 어느 정도의 전망을 보여주었다. 하지만 사이코패스에게 있는 다른 중요한 특성, 이를테면 과대망상, 말주변, 병적 거짓말, 도덕과 윤리의 부재의 원인이 되는 유전자는 확인된 적이 없다. 이들 특성을 이해하기 위해서는 아마도 뇌의 해부구조와 뇌 안에서 변화된 연결들을 분석하는 것(뇌의 어떤 특징이 이 기능과 연관되는가?)이 먼저고, 유전정보(어떤 유전자가 이 특징에 영향을 미치는가?)를 이해하는 일이 다음일 것이다.

2007년부터 2009년까지, 연구자들은 단 하나가 아니라 수십 개 유전자가 인간의 적응 행동에 영향을 끼친다는 점을 이해했다. 가령 어느 연구실에서 조현병과 연관된 유전자 하나를 발견하고 자신들의 결과를 발표했다고 치자. 그리고 다른 연구실에서 또 다른 유전자를 발견했다고 가정하자. 하지만 다른 연구자들이 이 연구 결과들을 재현하려고 하면 통계적 의미를 얻지 못한다. 사람들은 좌절했고, 불량 데이터가 다량으로 발표되는 건 아닌지 의구심을 가졌다. 연구자들은 대규모 실험을 하고 나서야 비로소 원인 유전자가 한둘이 아니라 아마도 열다섯 아니 스무 가지쯤 있어서 저마다 증상에 몇 퍼센트의 편차를 제공하고 있다는 걸 알게 되었다.

유전자 대부분은 예컨대 눈과 머리털의 색깔을 통제하는 유전자와 같이 우성 아니면 열성으로 특징 지을 수 없을 것이다. 상호작용하는 수많은 유전자가 행동을 통제할 뿐만 아니라, 이들 유전자의 무수한 조절체 역시 영향을 미친다. 이를테면 공격성도 세로토닌, 노르에피네프린, 도파민, 안드로겐^{androgen}을 비롯해 수많은 세포기능을 조절하는 유전자들이 상호작용하여 영향을 미치는 복잡한 행동이다. 딱 하고 스위치를 켜거나 꺼서 누군가의 인격을 폭력적인 또는 온화한 것으로 바꿀 수는 없는 것이다.

| 암호로 가득한 유전자 전화번호부

이렇듯 유전체계가 복잡하다면, 내가 전사유전자를 가졌느냐의 여부(면밀한 유전자 분석으로 드러날)는 결정적이지 않을 것이다. 나를 당황하게 하려면 완전한 한 벌의 나쁜 유전자들이 필요했다.

그걸 알아내는 일은 급하지 않았다. 아내의 부모는 두 사람 모두 알츠하이머병으로 사망한 터라, 나에게는 알츠하이머병의 유전자를 아내와 아이들이 갖고 있는지 알아내는 것이 시급했다. 다행히

식구들의 뇌는 건강해 보였고 인지적 감퇴의 징후도 없었다. 두 달 전에는 나의 기묘한 뇌 스캔 사진이 흥미를 끌었지만, 그 신기함은 금세 약발이 떨어진 상태였다. 게다가 나는 다른 프로젝트들로 바빴다. 연쇄살인마들을 주제로 강연을 하고 있었을 뿐 아니라, 두 생명공학 회사에 관여하는 와중에 알츠하이머병과 조현병 연구를 위해 뇌 스캔 사진과 유전자 패턴을 분석하고 있었다.

2006년부터 2009년까지는 영상유전학을 연구하던 우리에게 유난히 흥분되는 시기였다. 우리는 새로운 조현병 유전자 두 개와 새로운 알츠하이머 유전자 한 개의 발견에 바싹 다가서 있었고, 유전자를 발견하는 완전히 새로운 방법을 개발하고 있었다. 이 방법은 여러 가지 병, 특히 우리가 정신과에서 마주치는 복합적인 마음의 병과 장애에 연관된 유전자의 대립유전자들을 발견하는 시간과 비용을 줄여주었다. 일반적으로 조현병 같은 질병과 연관되는 유전자 하나를 찾으려면 피험자가 3,000명쯤 필요하다. 그들 중에는 조현병 증상이 있는 사람도 있고 없는 사람도 있을 것이며 증상이 있는 사람들 사이에서 특정 유전자가 더 많이 나타날 수도 있다. 우리는 일련의 방정식을 써서 피험자의 유전 정보를 뇌 영상 데이터 및 심리검사 결과와 비교하는 통계적 방법을 만들어냈다. 이런 방법으로 후보 유전자를 식별하려면 피험자는 단 300명, 아니 30명만 있어도 된다. 조현병이나 파킨슨병이나 우울증 환자들 중 누가 약물 또는 기타 치료법에 잘 반응할지를 알 수도 있고, 이들 치료법의 부작용으로 쇠약해질 가능성이 가장 높은 환자들을 알아볼 수도 있다. 한 사람이 실험대상이 되어 6개월 동안 여러 약들을 차례로 복용하기만 한다면, 즉시 적확한 약을 파악해 고통은 물론이거니와 의료비도 줄여줄 것이다.

스티븐 포트킨Steven Potkin, 파비오 마치아르디, 데이비드 키터David Keator, 제시카 터너Jessica Turner로 구성된 영상유전학 연구진이 UC 어바인 캠퍼스에서 전력을 쏟고 있었다. 이 거대한 소용돌이 한가운데에서 나의 스캔 사진은 잊혀버렸다.

게다가 전사유전자와 여러 공격성 관련 유전자를 확인하는 일은 간단한 게 아니다. 예컨대 전장유전체연관성분석genome-wide association study, GWAS은 수백만 개 SNP에서 표본을 채집하는 방법으로, SNP가 유전자에 근접한 위치에 있으면 그것이 여러 특성과 병의 원인임을 암시한다. 이 기법은 표준화되어 있고 비용도 비교적 저렴하다. 하지만 GWAS에는 몇 가지 한계가 있다. 염색체당 염기쌍이 총 30억 개(염색체쌍마다 60억 개)가 넘으므로, SNP를 다른 DNA 변이들의 '대리'로 간주하더라도, 망라할 수 있는 범위는 유전체의 1퍼센트 미만이다. GWAS 표본채집을 아무리 잘해도 많은 게 빠질 수 있다.

한 사람의 유전부호를 망라하는 유일한 방법은 유전체 전체의 30억 염기쌍 전부의 서열을 심층분석하고, 거기다 다른 인자들의 알파벳 수프alphabet soup(기호나 약어들이 많아 대단히 이해하기 어려운 조합을 일컫는 말-옮긴이)까지 분석하는 것이다. 유전체당 수억 달러가 들었던 분석 비용은 그간 수천 달러까지 떨어졌고, 비용이 개인당 1,000달러 미만이라고 광고되는 것도 있다. 그러나 그렇게 낮은 가격이 가능한 이유는 서열을 나열만 하고 그 이상의 실제적 분석은 해주지 않기 때문이다. 이는 영어밖에 모르는 누군가에게 몽골어의 문자소와 나바호어의 문법으로 쓰인 1,000쪽짜리 전화번호부를 건네주는 일과 마찬가지다. 암호들의 의미를 해석하는 일은 유전학자, 통계학자, 질병역학자, 세포생물학자, 정신과의사, 심장전문의, 면역학자가 포함된 경험이 많은 팀이 해야 한다. 완전한 유전자 분석에서 실제 비용이 숨어 있는 곳은 바로 이 부분이다.

서열 분석 프로젝트와 인지적 방법, 대사적 방법, 뇌 영상 방법을 통합해 이전에는 가능하지 않았던 방식으로 정신장애 등의 질환에 나타나는 복합적인 인간의 특성을 조사할 수 있게 됐다. 가령 유전체학genomics(핵에 들어 있는 유전자와 관련 핵산들), 전사체학transcriptomics(조직에 들어 있는 다양한 mRNA의 수준), 단백체학proteomics(서로 다른 수준의 단백질과 관련 조직에서 일어나는 단백질의 상호작용), 대사체학metabolomics(혈액과 소변 수준의 수천 가지 호르몬, 대사산물, 당 등과 시간에 따른 그것들의 동적 상호작용) 등의 '체학omics' 의학(체는 분자들이나 세포 등의 집합체 전부를 뜻하는 말로, 체학은 이 체를 연구하는 학문이다-옮긴이)을 통해서는 전에 전혀 이해되지 않던 복합질환들을 이해한 성공 사례들이 존재한다. 개인유전체학personal genomics과 맞춤의료가 주목받는 것 또한 유전체와 복합적 특성들을 분석하고 이들 결과를 통일된 틀로 시각화하는 방법이 발달한 덕분이다.

어쨌든 누가 짬을 내서 나의 유전자들을 제대로 살피려면 시간이 좀 걸릴 터였다. 내 혈액 표본을 보내고 유전자 분석 결과를 받기까지, 그 결과가 내 뇌 스캔 사진에 대해 뭐라고 얘기해줄지 몇 번이고 생각해본 것은 사실이다. 하지만 난 토머스 코넬의 전철을 밟을 생각은 없었다.

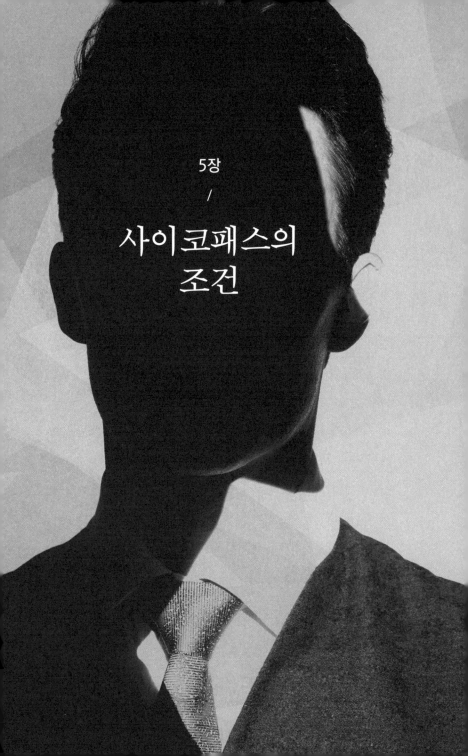

5장

/

사이코패스의
조건

나는 사이코패스의 뇌를 가지고 있었다. 게다가 나에게는 가족력이 있었고 어쩌면 사이코패스의 유전자가 있을지도 몰랐다. 그럼에도 나는 연쇄살인마가 되지 않았다. 이유를 모를 때 과학자는 탐구심이 발동한다.

내 변연피질 영역은 우리 연구실과 여러 연구실에서 수집한 사이코패스의 신경 프로필과 일치했지만, 나는 그러한 뇌 손상이 있으면서도 살인자나 사이코패스가 아닌 사람들에 대한 보고들이 있음을 알게 되었다. 이는 나에게, 특정한 뇌 손상이나 기능 상실이 사이코패시를 일으키는 데 필요한 조건일지는 몰라도 충분한 조건은 아님을 시사해주었다. 다른 요인이 있어야 했다.

확실한 건 MAOA 대립유전자와 폭력성 사이의 연결고리뿐이었다. 아직까지 유전자와 사이코패시 사이의 진정한 연결고리는 전혀 밝혀지지 않았다. 나는 사례연구를 전부 살펴보았다. 독재자를 포함해 모든 사이코패스가 어릴 때부터 '정신병자'라는 소리를 들었으며, 하나같이 학대를 받았고, 생물학적 부모를 한쪽 이상 잃은 경우가 많다는 걸 알게 되었다. 어릴 때 학대를 받았다는 사실을 부인한 예도 있었지만, 나중에 알고 보면 그 사실을 인정하기가 너무 창피했거나 가족의 일원인 가해자를 감싸기 위한 것이었다.

수감된 사이코패스 중 유아기에 신체적·감정적 학대나 성적 학대를 당한 사람이 많다는 사실은 여러 연구를 통해 밝혀졌다. 청소년 사이코패스 범죄자 35명을 대상으로 한 설문조사에서는 70퍼센트가 어린 시절 내내 심각한 학대를 받았다고 답했다. 어린 시절에 대한 믿을 만한 기억이 기껏해야 서너 살 이후에야 시작된다고 보면, 이 결과는 더 높은 비율의 성인 사이코패스 범죄자들이 자신이 기억하는 것보다 일찍부터 상당한 학대를 경험한다는 의미를 함축했다. 그렇다면 이들 중 90퍼센트 이상이 생애 초기의 한 시점에 학대를 당했을 수도 있다. 나는 여기에다 가해자를 감싸는 사이코패스들을 더하면, 사이코패스 중 어린 시절에 학대를 받은 비율은 거의 99퍼센트에 육박할 수도 있다고 추론했다.

내가 범죄자가 아닌 이유를 생각하기 시작한 게 바로 이때다. 살인자들은 학대를 당한 적이 있었고 나는 그런 적이 없었다. 우리를 만드는 건 양육이 아니라 본성이라는 나의 신념에도 불구하고, 나는 '어떻게 키우느냐'가 결국은 범죄자를 만들어내는 데 영향을 미칠지도 모른다고 생각하기 시작했다.

| 환경과 유전의 상호작용, 후성유전학

발달 과정에서 환경은 수많은 방식으로 유전자와 상호작용한다. 그중 하나는 이른바 유전형-환경 상관관계genotype-environment correlation다. 공격성을 유발하는 유전자를 가진 아이는 자주 비행을 저지름으로써 보호자로부터 적대감과 학대를 이끌어낼 것이다. 또는 공격적인 부모가 적대감의 유전자를 물려주는 동시에 호전적으로 행동하기까지 하면 유전자와 반사회적 태도 둘 다 다음 세대에 영향을 미칠 것이다. 그러한 패턴이 내 조상들의 행동을 설명할 수도 있다. 공격성 유전자가 여러 세대를 거치며 씻겨 없어졌다 해도, 가족들이 이처럼 행동할 가능성은 남아 있다.

또 다른 유전자와 환경 간의 상호작용은 후성유전학epigenetic으로 알려졌다. 가령 당신의 10대 딸이 당신이나 심지어 당신의 어머니와도 달리 몸무게가 불기 시작한다. 마치 당신의 할머니, 즉 딸

아이의 증조할머니처럼. 당신은 이유를 알아내기 위해 표준 DNA 검사를 받아 당신의 유전부호들을 낱낱이 살펴본다. 하지만 딸의 식욕과 비만도를 통제하는 DNA 부호는 살찐 당신 할머니의 것보다 당신 자신과 날씬한 당신 어머니의 것과 비슷하다는 게 드러난다. 그러니까 이 결과로는 당신 딸이 10대에 뚱뚱해지기 시작한 이유를 설명할 수 없다. 또 딸은 다른 사람보다 더 많이 먹지도 않는다. 예기치 않은 뭔가가 진행되고 있는 게 틀림없다. 하지만 어떻게 또 왜? 그때 유전학 박사과정에 있는 당신의 조카딸이, 뭔가가 증조할머니로부터 할머니를 거쳐 당신에게로, 다음엔 당신의 딸한테로 대물림되었을 거라고 말한다. 유전부호 자체가 아니라, 화학적 정보를 가진 별도의 작은 조각 또는 꼬리표로서 비만과 대사를 통제하는 여러 유전자에 붙어 있는 뭔가.

후성유전학적 꼬리표^{epigenetic tag}라 불리는 그것은 당신 딸의 증조할머니가 어린아이였던 거의 1세기 전에 아일랜드, 폴란드, 보스니아, 브롱크스에서 기근이 10년 내내 계속되는 동안 증조할머니의 유전자 중 몇 개에 붙었을 수 있다. 굶주림의 스트레스에 대한 반응으로 증조할머니의 세포는 대사기관을 변화시켜 그 기관이 더 효율적으로 에너지를 사용하고 지방을 저장하게끔 그리고 다시 먹을 게 풍부해지기만 하면 식욕을 높이게끔 했을 것이다. 그래서 그녀의 증손녀인 당신의 딸은 10대가 겪는 여러 스트레스 요인 아래서 충분한 식량을 공급받자 몸무게가 늘어난다. 이러한 효과의 일부는 조상이 남성이었느냐 여성이었느냐에 따라 결정된다. 어떤 유전자는 부계와 모계 중 한쪽에 '각인'되기 때문이다.

후성유전학적 꼬리표는 환경적 스트레스 때문에 생기는 많은 유전부호 변경 가운데 하나다. 또 이것이 바로 본성과 양육의 상호작용 바탕에 있는 핵심 기제 중 하나다.

후성유전학적 상호작용이 대사, 암 그리고 전염병 발병에 어떤 역할을 하는지에 대해 최근에 수많은 연구가 있었다. 하지만 후성유전학적 상호작용은 조현병부터 사이코패시에 이르는 정신장애를 이해하는 열쇠이기도 하다. 내가 진로를 선택하는 데 큰 영향을 미친 영화 〈찰리〉에서 내가 좋아하는 장면은 주인공이 자신의 교사 겸 치료사의 칠판으로 가서 'that that is is that that is not is not is that it it is'라고 쓰고는 그녀에게 이게 무슨 말이냐고 묻는 장면이다. 그녀가 해독하지 못하자, 주인공은 칠판으로 가서 구두점을 찍는다. 'That that is, is. That that is not, is not. Is that it? It is.' (있는 건 있어. 없는 건 없고. 이제 됐어? 그래.)

이 수수께끼는 후성유전체epigenome가 무엇인지 훌륭하게 비유해준다. 이 비유에서 원래의 DNA 염기쌍 부호는 'thatthatisistha tthatisnotisnotisthatititis'이고, 서열을 배열하는 방식은 부호가 일련의 단어로 전사轉寫되게 지시하지만 딱히 문장이 되게끔 지시하는 건 아니다. 보통 DNA에서 RNA로 전사된 메시지는 단백질로, 여기서는 빈틈없고 상식적인 문장 'That that is, is. That that is not, is not. Is that it? It is'로 번역될 것이다. 하지만 환경적 스트레스 요인들이 원래 유전된 DNA의 일부에 후성유전학적 꼬리표가 첨가되도록 유도할 수 있고, 그럼으로써 구두점, 띄어쓰기, 일반적 문형을 바꾸어 약간 다른 의미를 생산할 수 있다. 'That that is, is. That that is not, is not. Is that it? It is?' (있는 건 있어. 없는 건 없고. 이제 됐어? 그래?) 단어들도 같고, 순서도 같지만 마지막에 첨가된 물음표가 메시지의 취지를 바꿔놓는다. 문장이 의도한 '유전적' 의미에 가해진 이 약간의 '후성유전학적' 변화는 돌연변이와 다르다. 돌연변이에서는 글자가 하나 이상 추가되거나 기존 글자가 삭제됨으로써 문장의 실제 철자가 바뀐다. 물론 그러한 변화는 문장의 기능을 근본적으로 변질시킬 수 있어서, 문장은 이제 이처럼 될 것이다. 'That that is, is. That that is not, is snot. Is that it? It is.' (있는 건 있어. 없는 건 콧물이고. 그게 다야? 네.)

다시 말하면 유전체는 당신이 태어날 때 물려받은 책이고, 후성유전체는 당신이 그 책을 읽는 방식이다.

후성유전체의 기능에 대한 또 다른 비유로, 당신이 새 차를 산다고 생각해보자. 원래의 차체는 당신의 유전체와 같다. 반면에 차의 성능을 높이거나, 힘을 더 보태거나, 당신의 딸을 위해 속도가 덜 나게 하려고 하는 개조는 후성유전학적 개조인 셈이다.

후성유전적 변화는 일란성 쌍둥이가 똑같지 않은 이유 중 하나다. 원래의 유전부호는 동일하더라도, 초기 환경의 차이와 스트레스가 10대와 성인 시절의 행동을 바꿔놓을 수 있다. 일란성 쌍둥이가 어느 한쪽 부모에게서 물려받은 똑같은 유전자를 다른 수만큼 가지고 있을 수도 있는데, 이 역시 일란성 쌍둥이의 외모와 행동을 바꿀 수 있다.

또 'RNA유래전이인자^{retrotransposon}'라는 요인도 있다. RNA유래전이인자는 세포핵 내에 존재하는 DNA 또는 RNA의 짧은 조각으로, 유전자 자체를 둘러싸고 있다. 한때 쓰레기 DNA로 여겨진 이 기묘한 정보의 단편들은 제자리에 고정되어 있지 않고 수프 속의 쌀알처럼 돌아다닌다. RNA유래전이인자는 멀리 떨어져 있는, 혹은 아예 서로 다른 염색체에 있는 유전자들을 이어줄 수 있고, 세포의 기능을 바꿀 수 있다. 이들 RNA유래전이인자는 우리의 DNA가 타이핑한 '문장'을 재배열할 수 있고, 그렇게 하는 동안 인간의 행동을 바꿀 수 있다. 어쩌면 RNA유래전이인자가 일란성 쌍둥이의 행동 차이뿐만 아니라 조현병의 발병과 심각한 우울 증세까지 설명해줄지도 모른다.

후성유전체가 작동하는 가장 흔한 모습은 환경적 스트레스 요인이 히스톤이라 불리는 단백질 실패에 감겨 있는 DNA 실들을 감쌀 때 볼 수 있다. 스트레스 요인은 메틸^{methyl}과 아세틸^{acetyl}이라는 아주 작은 작용기^{functional group}들을 유전자에 덧붙일 수도 있고 유전자에서 떼어낼 수도 있다. 이 작용기들은 DNA 가닥에 들러붙는 작은 원자단^{atomic group}일 뿐이지만, 그러한 변경은 어떤 유전자가 읽힘으로써 맡은 일을 수행하는 능력을 멈추거나 늦추거나 재촉할 수 있다. 한 유전자의 행동이 바뀌면 만들어지는 단백질의 양이 바뀌므로 뇌 회로 안의 신경전달물질 균형이 바뀌고 결국 사고, 감정, 행동이 바뀐다. 사고, 감정, 행동이 바뀌는 것은 유전자와 환경의 상호작용을 이해하는 데서 주요 초점이고 본성-양육 문제를 이해하는 열쇠다. 메틸기와 아세틸기를 덧붙이는 주된 환경적 자극 중 하나가 스트레스고, 이러한 자극에는 학대, 출생 전 산모의 불안, 마약, 일부 식품이 원인이 된다. 스트레스로 인해 호르몬의 일종인 코르티솔^{cortisol}이 방출되면, 코르티솔이 메틸기와 아세틸기를 주는 분자로부터 메틸기와 아세틸기를 받아서 DNA로 옮긴다.

이러한 첨가가 사이코패시의 병인을 이해하는 열쇠다. 이 작용기가 유전자의 조절체에 부가되거나 그로부터 제거되면, 그 유전자의 기능이 일시적으로 몇 시간이나 몇 주, 때로는 몇 년 동안 바뀐다. 따라서 초기의 스트레스 요인, 이를테면 산모의 음주, 마약이나 향정신성 약물 복용이 훗날 아이의 행동에 영향을 미칠 수 있다. 그리고 스트레스 요인의 발생 시점이 분만 시점에서 가까울수록 해롭다. 감정적 학대나 신체적 학대는 늦게 가해질수록 효과가 덜하다. 한두 살 때 겪은 감정적 학대나 유기가 여섯 살이나 열 살 때 겪은 학대나 유기보다 훨씬 더 해롭다.

사이코패시는 어떻게 발달하는가

환경과 사이코패시에 관한 문헌을 찾아보다가, 2002년 킹스칼리지런던의 아브샬롬 카스피와 동료들이 발표해 고전이 된 논문이 떠올랐다. 나는 그 논문이 본성과 양육의 상호작용을 가장 훌륭하게 입증한다고 생각했다. 카스피는 '더니든 다학제 건강발달연구Dunedin Multidisciplinary Health and Development Study'를 살펴봤다. 이 연구는 뉴질랜드 더니든에서 1972년부터 1973년 사이에 태어난 약 1,000명을 3세 이후로 2~3년마다 한 번씩 몇 가지 건강·심리 측정치에 관해 평가해온 장기 연구다. 카스피는 피험자가 전사유전자를 가졌는지, 어릴 때 학대받은 적이 있는지, 반사회적 행동을 보이는지 살펴봤다. 참고로 반사회적 행동은 청소년 품행장애 진단, 강력범죄 전과, 26세 때 실시한 폭력적 인격의 심리 평가, 피험자를 잘 아는 사람들한테서 얻은 반사회적 행동의 보고서를 종합해 측정했다.

카스피는 예상대로 학대가 반사회적 행동을 증가시킴을 발견했다. 그 증가율은 전사유전자를 가진 남성들에게서 훨씬 더 컸다. 남성의 12퍼센트가 학대와 전사유전자의 조합을 가지고 있었는데, 폭력의 44퍼센트를 저지름으로써 자기 몫의 네 배나 되는 피해를 주고 있었다. 전체적으로 전사유전자가 있으면서 심각하게 학대받은 남성들의 85퍼센트가 반사회적이었다. 여성들은 덜 폭력적이긴 했지만 보이는 패턴은 남성의 사례와 비슷했다. 나중에 카스피와 동료들이 비슷한 연구들을 메타분석한 결과는 학대를 받은 적이 없어도 전사유전자가 공격성을 높이기는 하지만, 그것만의 효과는 훨씬 작음을 보여주었다.

태어나고 몇 개월은 때때로 '임신 4기fourth trimester'라 불리는데, 분만 전에 끝났어야 하는 발달이 연장되기 때문이다. 뇌의 발달이 환경에 가장 크게 영향받는 시기가 바로 임신 4기다. 심각한 스트레스를 피해야 하는 시기가 이때고, 양육이 결정적인 시기도 이때다. 물론 양육은 아동기 내내 중요하지만, 특히 태어난 직후가 그 영향이 크다.

발생 시기에 따라 뇌 손상과 정신병리의 관계도 달라진다. 두 살때 윤리 및 도덕성을 담당하는 안와피질에 손상을 입은 아이는 옳고 그름에 대한 감각이 발달하지 못해서 근본적으로 사이코패스와 같아질 것이다. 여덟 살 때 손상을 입은 사람은 뇌의 다른 부분과 협조해 옳고 그름을 이해할 수 있다. 하지만 안와피질은 억제와도 관련되는 만큼, 잘못을 저지르는 자신을 멈출 수 없을 것이다. 손상이 10대나 성인 때 일어난 사람은 옳고 그름을 분간할 테고, 안와피질이 억제에 실패해도 억제와 관련된 뇌의 다른 영역이 충분히 성숙해서 충동성을 제어하게끔 도울 것이다. 그러나 스트레스에 떠밀리는 상황에서는 쉽게 경계선을 넘어서버릴 것이다.

뇌의 피질은 질서정연하게 발달하고, 아기가 태어나면 복측피질과 안와피질의 큰 덩어리가 배측전전두피질보다 더 빨리 발달한다. 이는 변연계, 즉 감정의 뇌가 인지의 뇌보다 훨씬 먼저 성숙하기 시작함을 뜻한다. 나중에는 사춘기에 폭발적으로 방출되는 성스테로이드 sex steroid 가 이 피질들의 연결 구도를 '고정'함으로써 변화를 어렵게 만든다. 이 때문에 10대가 되기 직전과 10대 때 전전두피질의 발달이 지체된 아이들은 처음엔 지능적으로 뒤처지는 듯 보인다. 하지만 늦게 꽃피는 10대들 다수는 발달이 오래도록 이루어지는 터라서 전전두엽 시냅스의 가소성 plasticity이 더 큰 이 발달 시기에 학습 능력이 많이 향상될 것이다. 이는 사춘기 무렵에 IQ 검사를 받은 다음 청년기에 다시 검사를 받았을 때 그 결과가 상당히 다를 수 있다는 최근의 발견에 대한 한 가지 설명일 것이다. 어떤 10대들은 처음엔 더 높은 IQ와 인지 능력을 보이지만, 나중에 10대 후반과 20대에는 또래보다 퇴보한다. IQ는 연령에 따른 상대적인 측정치일 뿐이다. 그러한 사람들은 능력을 잃은 것이 아니라, 단지 그들이 일찍 꽃피어서 또래보다 더 똑똑해 보였을 뿐 10대 중후반에는 또래보다 발달이 느렸다는 뜻이다.

사춘기를 넘어선 10대 후반부터 20대 초반에는 전전두피질의 성숙이 일어난다. 이때 도파민과 여러 주요한 모노아민 신경전달물질, 즉 세로토닌과 노르에피네프린이 전전두피질로 투입되는 경로들이 성숙해진 다음, 신피질 neocortex(대뇌를 진화 순서대로 구피질과 신피질로 구분하면, 대뇌변연피질이 구피질에 해당하고 대뇌피질이 신피질에 해당한다. 전전두피질도 신피질에 속한다–옮긴이)의 서로 다른 층으로 분리되어 들어간다. 20대에 이 신경전달물질들의 층상구조가 완성되면, 뇌는 거의 완전히 성숙한 것이다.

이 발달단계에 주목해야 하는 중요한 이유는 이때 조현병이나 양극성장애처럼 모노아민과 관련 있는 병들이 명백한 증상을 최초로 드러내기 때문이다. 예를 들어 대학 신입생이 초겨울 방학 기간에 처음으로 정신장애 증상의 발현을 경험하는 경우가 잦다. 이는 어려운 시험들과 낙제, 고등학교 시절 여자 친구와의 헤어짐처럼 스트레스를 주는 사건들 탓일지도 모른다. 하지만 조현병의 유전적 소인을 가진 사람은 발병을 피할 수 없기 때문에 그들의 전전두피질이 준비가 되었을 때 스트레스를 주는 주요 사건을 겪어 발병한다고 말하는 것이 더 타당하다.

학업이든, 연애든, 취업이든 어느 한 사건이 발병을 촉발한다. 스트레스 요인이 이처럼 모노아민 관련 정신장애의 발병을 촉발하는 이유는 무엇일까? 한 가지 이유는 스트레스가 부신피질로부터 코르티솔의 폭탄을 방출해 면역계를 억제할 뿐만 아니라, 전전두피질에서 COMT 효소를 특히 더 차단하기 때문이다. 효소가 차단되면 도파민이 급증하고 피질에 도파민이 넘치면 뉴런의 발화가 변질되는데, 이는 입력의 여과 불량, 뉴런의 신호 대 소음 처리 변질, 외부 현실과 동떨어진 뉴런 발화는 물론 극적인 기분 변화와도 연관될 수 있다.

다양한 형태의 조현병, 양극성장애, 강박장애는 물론 인격장애의 일부에도 공통점이 있다. 모두 다 정신과적 문제들이 10대 전후 반과 20대 전반에 흔히 발견된다는 점이다. 이 시기에 대학 생활, 결혼, 특히 참전처럼 젊은이들에게 스트레스를 주는 일들이 연이어 발생하는데, 이는 한참 발달 중인 전전두피질 입장에서 보면 최악의 타이밍이다.

특히 군대에서 이것은 크게 다루어져야 할 일이다. 대학 1학년 생과 4학년생은 아주 다른 인간이다. 아이들을 열여덟 살에 전쟁 터로 보내는 것은 말도 안 된다. 그들은 아직도 전두엽 발달이 왕성한 상태이기 때문이다. 군대는 심리검사를 써서 징집이 가능한 지 확인하지만, 그 검사도 그들이 2년 뒤 어떻게 될지는 말해주지 않을 것이다. 전쟁을 하게 되더라도 병사들이 스물둘이나 스물셋 이 되기 전에 싸우게 해서는 안 된다.

사이코패시는 10대에 명백해질 수도 있지만, 서너 살의 아이에 게서도 보일 수 있다. 아마도 복측계(안와피질과 편도체)가 배측 계보다 훨씬 더 일찍 발달하고 성숙해지는 까닭에, 이 영역의 활동 이 부족하면 사이코패시와 연관되는 패턴이 더 일찍 보이기 때문 일 것이다. 여기서 작용하는 원리는, 어떤 정신장애든 관련 뇌 영 역과 그 주요 연결 부위가 성숙을 시작하기 전까지는 완전히 발현 되지 않는다는 점이다. 아직 만들어지지도 않은 걸 망가뜨릴 수는 없다는 말이다.

전전두엽의 발달은 대개 20대 중반에 끝나고, 뇌는 30대 중반에 모든 회로가 성숙한 균형 상태에 들어간다고 여겨진다.

어린 시절의 어떤 행동이 사이코패시의 징후인지를 성문화하기는 어렵지만, 많은 임상의와 부모는 그 징후가 눈에 보인다고 말한다. 그들이 눈치채는 건 아이가 당신을 보는 방식이다. 한 아이가 당신을 보지 못한 척하거나 당신이 거기 있는 것에 관심이 없는 양 당신을 그냥 지나치는 듯 보인다고 치자. 그러한 아이는 두려움도 거의 내비치지 않고 상당히 대담할 수 있다. 그리고 일찍부터 당신을 조종하기 시작할 것이다. 아이들 가운데 일부, 특히 여자아이들은 성욕이 과다할 수 있다. 심지어 다섯 살밖에 안 된 아이가 그러는 것은 조종을 시도하는 또 다른 형태인 경우가 많다. 1963년, 정신과의사 존 맥도널드^{John Macdonald}는 아동기의 세 가지 행동 즉 야뇨증, 방화, 동물 학대를 통해 성인기의 폭력성을 예측할 수 있다는 이론을 내놓았다. 이 '맥도널드 3합이론^{Macdonald triad}'은 많은 논쟁을 불러일으켰다. 야뇨증은 훌륭한 예언자가 아니고, 방화와 동물 학대는 사내아이들 사이에서 아주 흔한 일이며 그 원인 또한 불안이나 또래의 영향 같은 여타의 요인일 수 있기 때문이다.

| 인디고 아이와 난초형 아이

일부 유전자들은 아이가 스트레스에 노출되면 위험해지는데, 그 아이가 건강한 가정에서 길러지면 이로울 수도 있다. 2011년 무렵 같이 일한 적이 있는 TV 프로그램의 기자 겸 PD 세 사람이 나에게 연락을 해왔다. 그들은 몇몇 심리학자들과 이야기를 나눴는데, 그들이 내가 출연한 몇몇 프로그램을 시청하고는 나를 인디고 아이indigo child이자, 난초형 아이orchid child 라고 말했다는 것이었다. 나는 전에 이런 정의들을 뉴에이지 운동의 유사과학에 혹하는 사람들 얘기라고 무시한 적이 있었다. 하지만 연구자들이 PD에게 제공한 특성 목록을 훑어보고 성장기의 나 자신과 비교해보니, 아닌 게 아니라 나에게 해당되는 점이 몇 가지 있었다.

예컨대 인디고 아이들은 공감 능력이 있고, 독립적이고, 고집이 세고, 호기심이 많고, 목적의식이 강하고, IQ가 높고, 직관력이 상당하고, 권위를 싫어한다. 이 자질들은 다른 사람들이 사춘기 무렵의 나를 어떻게 바라봤는지에 관한 나의 인식과 일치하기는 했지만, 그런 아이는 나 말고도 수두룩할 것이다. 한편 난초형 아이들은 초기의 환경 스트레스 요인에 유난히 민감해서 어릴 때 제대로 보살피지 않으면 시들어버리지만, 넘치는 사랑으로 보살피면 꽃을 피운다. 이 점이 대다수 아이들, 즉 강인해서 무슨 일이 일어나더라도 잘 살아나갈 아이들과 다른 점이다. 실제로 어느 정도 생물학적 근거가 있어 보였다. 세로토닌 수송체 유전자serotonin transporter gene 중에서 짧은 형태의 유전자를 물려받은 아이들은 시냅스 안에 활동하는 세로토닌이 더 많이 남아 있어서, 긴 형태의 유전자를 가지고 있는 아이들보다 행동 스트레스 요인에 더 강한 회복력을 보인다. 2009년에는 듀크대학교 아브샬롬 카스피 연구진이 주요 스트레스 조절체인 CRH(부신피질자극호르몬방출호르몬)의 수용체를 제어하는 유전자와 관련해서도 비슷한 관계를 발견했다.

난초형 아이들을 대상으로 이 유전자의 두 대립유전자를 검사한다면, 이 아이들이 좋은 환경이든 나쁜 환경이든 초기 환경에 특히 민감하다는 가정에 신빙성을 더해줄 것이다. 나는 흥미로운 질문을 던져보았다. '나의 가족이 나를 그토록 밝고 긍정적이고 사랑스럽게 보살폈던 이유는 그들이 뭔가를 감지했기 때문이었을까?' 주변 사람들은 진심으로 나를 보살폈다. 만일 내가 거친 환경에서 태어났다면, 나는 불량 조직의 우두머리가 되었을 가능성이 다분했다. 아마도 훌륭한 갱단 우두머리가 되었을 것이다.

과학자로서의 나는, 유전자 검사로 어떤 아이가 스트레스에 취약할지 살펴보는 일에 찬성한다. 리버테리언으로서의 나는 유전자 검사에 반대하지만, 그 검사는 사이코패스가 늘어나는 걸 예방하기 위한 열쇠가 될 것이다. 어떤 아이는 쏘다니다 싸움에 말려들도록 내버려두어도 되고 또 어떤 아이는 특별한 보호가 필요한지 알 수 있을 것이다. 물론 검사 결과는 철저히 보안을 지켜야 하고 부모에게만 제공돼야 한다.

나는 발달 과정에서 환경의 역할을 지나치게 강조하고 싶지는 않다. 아이들은 가르치지 않아도 자기 힘으로 많은 걸 배운다. 웃기, 걷기, 말하기도 그러하고, 성격처럼 더 복잡한 것도 알아서 발달한다. 지독한 학대나 치명적인 유전자 결함만 없으면, 아이들은 무사히 성장할 것이다. 교육적 음악 사업과 게임 사업의 규모가 10억 달러에 달하고, 아이들의 발달 과정을 제어하겠다고 아이들의 식단을 관리하는 부모도 있지만, 그런 게 효과가 있다는 연구 결과는 드물거나 존재하지 않는다. 아이들을 애지중지 키우며 스트레스를 아예 없애주려는 것은 무의미하다. 아이를 키운 부모라면 누구나 알고 있듯이, 어떤 아이도 부모가 바라는 대로는 되지 않으며 아이들이 자라서 어떤 유형의 성인이 될지를 어른들은 거의 좌우할 수 없다. 나와 함께 일하는 소아신경학자들도 "아이는 정해진 대로 만들어진다"라고 말하곤 했다. 당신이 아이를 완전히 망쳐놓지만 않는다면 말이다.

| 사이코패스를 만드는 세 가지 요인

나의 뇌 스캔 결과와 가족사에 관해 알게 된 뒤, 나는 발달에서 환경이 하는 역할(어쩌면 나를 교도소에 가지 않게 만든)이 사이코패시 이론에서 얼마나 중요한지 생각해보았다. 사이코패시의 모든 증상을 망라하는 종합적 설명은 여전히 존재하지 않았고, 사이코패스는 다른 여러 장애에서 발견되는 특성들을 공통적으로 가지고 있었다. 설득력 있는 모델을 만드는 일의 성공 여부는 우리 연구실을 비롯한 여러 연구실과 병원들로부터 내가 30년 동안 축적한 지식, 다시 말해 조현병에서 우울증과 양극성장애와 중독과 인격장애에 이르는, 본질적으로 다른 듯한 뇌 기능부전의 사례들을 종합하는 데 달려 있었다.

마침내 모든 게 딸깍 맞물린 것은 2006년 어느 토요일, 야외 욕조에 누워 버번의 숙취를 달래며 《뉴욕타임스》에 실린 십자말풀이를 하던 중이었다. 문제와 씨름하던 나는 긴장을 풀고 그냥 주위를 한번 둘러보았다. 집 뒤뜰을 훑다 보니, 정원에서 쓰는 다리 셋 달린 나무 의자가 보였다. 어머니가 주말에 제라늄을 다듬을 때 쓰는 물건이었다. 제라늄을 가지치기할 때 상처를 너무 많이 입히거나 너무 적게 입히면 성장이 지체되지만, 딱 알맞은 양의 스트레스와 보살핌은 개화를 최대화한다는 사실이 떠올랐다. 그 짧은 순간에, 사이코패시의 병인에 관해 개연성 있게 설명해줄 요소들이 한데 들어맞았다. 그날 아침 내 마음의 눈에는 뒤뜰 정원의 다리 셋 달린 의자가 사이코패시의 세 가지 요소와 그것들이 어떻게 상호작용하는지를 상징하는 것으로 보였다. 그리고 그것이 나의 새로운 사이코패시 이론의 토대가 되었다.

세 개의 다리란, 안와전두피질과 편도체를 포함한 전측두엽의 유별난 저기능, 전사유전자로 대표되는 고위험 변이 유전자 여러 개, 어린 시절 초기의 감정적·신체적·성적 학대였다.

나에게는 '유년 시절의 학대'라는 다리가 없었다. 그래서 몇 년에 걸쳐 사이코패스에 관해 강연을 하면서도 나는 계속 사이코패스에 속하지 않는다고 믿었다. 하지만 동료들은 가끔씩 나의 안정된(또는 내가 그렇다고 믿은) 행동을 놓고 용납할 수 없다고 말하곤 했다. 나는 동료들이 단순히 내가 한 어떤 짓에 분개했거나 나의 성공을 질투해서 과잉반응하는 거라고 생각했다.

하지만 그들은 그런 게 아니었다.

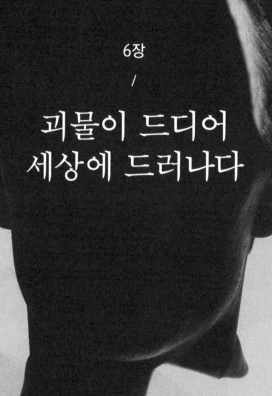

6장

/

괴물이 드디어
세상에 드러나다

2006년부터 2008년까지는 주로 유전학 연구에 집중했지만 이 따금 사이코패시와 나의 '세 다리 의자 이론'에 관한 강연도 했다. 2008년에는 지인 한 사람이 나더러 TED Technology, Entertainment, and Design Conference에 참석할 것을 권했다.

TED 측에서 나한테 참석해달라고 부탁한 적은 없었기에, 나는 스스로 참가 신청을 해야 했다. TED에 참석하기로 한 1주일 전, 주최 측에서 연사 외의 참석자들에게 개인적으로 들려줄 이야기 가 있느냐고 물었다. 18분을 꽉 채우는 강연뿐 아니라 더 짧은 이 야기, 즉 2~3분짜리 즉석 콩트나 7분이나 9분짜리 중간 길이 이 야기 코너도 있었기 때문이다. 나는 나의 뇌 스캔 이야기가 흥미로 울지 모른다고 대답했고, 그래서 9분짜리 이야기를 하게 됐다. 준 비 시간은 2, 3일이었다. 확실한 유전자 데이터는 아직 없었지만,

뇌의 비정상성과 초기 학대의 효과에 대해서는 말할 수 있었다. 나 자신의 유전자에 관해서는 내 가족사를 바탕으로 약간의 추론을 하기로 했다.

나는 사이코패스 살인마들의 뇌에 관해 내가 아는 내용을 거론했다. 전사유전자를 초기 학대와 연결하는, 아브샬롬 카스피의 연구 결과도 언급했다. 그리고 세 다리 의자 이론이 위험한 사이코패시 행동의 토대가 될수도 있다고 말했다.

나는 세대를 초월하는 폭력의 메커니즘을 제안했다. 세 세대 이상의 아이들이 사회적 폭력을 경험하는 문화에서는 폭력의 비율이 증가해 호전적인 전사戰士 문화가 발생한다는 논리였다. 내가 추측한 논리는 다음과 같다. 폭력이 만성적인 사회에서는 소녀들이 기왕이면 자신을 가장 잘 보호해줄 남자들과 어울릴 테고, 그러다 아마도 짝을 지을 테다. 대상은 십중팔구 공격성과 관련이 높은 유전자를 가진 소년들일 것이다. 그렇게 두어 세대가 지나면 공격성 관련 유전자가 집중되기 시작하고, 결국 서너 세대 뒤에는 사회 안에서 유독 공격적인 하위집단이 나타날 것이다. 그렇다면 설사 정치적·종교적·문화적·경제적·사회적 원인들이 갑자기 사라진다고 해도, 공격성 관련 유전자가 유달리 집중된 사람들의 공격적 문화는 몇 세기 동안 지속될 수도 있다. 발표에서는 거명하지 않았지만, 그러한 지역으로는 가자, 다르푸르, 요르단강 서안지구의 일부, 과테말라와 콜롬비아의 여러 지역, 미국 도시들의 몇몇 동네가 예상된다.

TED 발표의 마지막 부분에서는 나의 혈통 얘기를 꺼냈다. 나의 가족사를 발표에 포함하기로 마음먹은 건 강연의 재미를 위해서였다. 뇌과학과 유전학 이야기만 계속하면 과학자가 아닌 청중에게는 너무 지루할 거라는 걸 알고 있었기 때문이다. 가족에 관한 이야기를 공개하기가 꺼려지기는 했지만, 가족 모두가 공개해도 좋다고 동의했다.

| 세상이 나의 뇌를 주목하기 시작하다

몇 개월이 지나자 나의 TED 강연이 유튜브에 올라왔다. 이튿날 아침, 우리 연구실 보조연구원이 나에게 강연 동영상 조회 수가 2만 3,285회나 된다고 말해주었다. 나는 TED 강연 동영상이 게시된다는 것도 모르고 있었다. 몇 개월 전 발표 동영상 배포동의서에 서명해놓고는, 그에 관해 까맣게 잊었던 것이다.

그로부터 며칠 지나지 않은 8월 말, 난 이메일을 두 통, 다음엔 전화를 두 통 받았다. 발신인은 《월스트리트저널Wall Street Journal》의 과학 담당 수석기자 가우탐 나이크Gautam Naik, CBS의 TV 범죄시리즈 〈크리미널 마인드Criminal Minds〉의 총제작자 겸 작가 사이먼 미렌Simon Mirren이었다. 둘 다 나의 TED 강연에서 들은 내용을 여러 각도에서 추적하고 싶어했다. 전화와 이메일로 몇 차례 대화를 나누고 나자, 이 두 사람이 나의 대학 동료들만큼 총명하다는 사실을 알 수 있었다. 다른 점이 있다면 내가 아는 학구파들과는 달리 발 빠르게 움직인다는 것이었다.

가우탐 나이크는 10월 말에 남부 캘리포니아로 날아와 며칠 동안 우리 가족과 집, 연구실에서 많은 시간을 보냈고, 같이 엔젤스 야구경기를 관람하기도 했다. 그는 나의 가계도와 공격성 유전자에 대해 글을 쓸 계획이었다.

나는 야구 경기장에서 구원투수 브라이언 푸엔테스Brian Fuentes를 가리키며 그에게는 살인자의 본능이 없다고, 아마 전사유전자도 없을 거라고 했다. 나이크는 자신의 고향이 인도의 남쪽인데, 그곳은 공격을 받은 적이 거의 없어서 사람들이 유순하고 전사유전자가 덜 집중되었을 거라고 말했다.

나이크는 코넬 가계도 중에서도 우리 가족에 관해 강렬한 이야기를 쓰려면 결과야 어떻게 드러나든 가족의 유전자 데이터가 필수라고 조리 있게 나를 설득했다. 그래서 내 공동연구자이자 친구인 파비오 마치아르디가 한 달 동안 우리 가족의 DNA를 분석했다. 그는 GWAS(전장유전체연관성분석)을 사용했고, 우리 가족의 DNA 약 10만 조각을 살펴보았다. 특히 폭력성과 연관된 유전자 20개가량을 유심히 살펴보았는데, 그중에는 MAOA 전사유전자도 있었다.

우리 가족은 거의 모두 전사유전자를 가지고 있었다. 다른 공격성 유전자들도 더러 갖고 있었다. 나 역시 마찬가지였다. 그래도 나는 괴롭지 않았다. 뇌 스캔 사진을 보고 웃어넘겼듯 검사 결과도 웃어넘겼다. 나에게는 의자의 세 번째 다리, 즉 학대받은 경험이 없었기 때문이다.

나의 뇌 스캔 사진과 유전자 검사 결과를 담은 나이크의 기사는 2009년 11월 30일 자《월스트리트저널》1면에 '짐 팰런의 마음에 무슨 일이? 밝혀질 운명이었던 어느 가족의 비밀: 살인자를 연구하는 과학자에게 닥친 일'이라는 도발적인 제목을 달고 실렸다.

사이먼 미렌도 나이크가 연락한 날 나에게 연락을 해왔다. 그는 일주일 동안 벌써 〈크리미널 마인드〉의 아흔아홉 번째 일화(시즌 5의 제8화, '한 수 뒤지다Outfoxed')의 줄거리를 구상해놓은 상태였다. 미렌은 발칸제국에서 수십 년 그리고 수 세기 계속된 폭력과 고위험 유전학이 어떻게 세대를 초월한 폭력을 일으키고 연쇄살인마를 만드는지를 용케도 이해하고 있었다. 미렌은 드라마 속 연쇄살인마가 고위험 MAOA 유전자 변이를 양쪽 X염색체에 가졌을 뿐 아니라 어릴 때 심각한 폭력을 겪은 여성이었다는 반전도 넣었다. 결정적으로 미렌은 TED 동영상을 딱 한 번 보고 이 줄거리를 하룻밤 사이에 썼다. 나는 그가 이렇게 하는 것을 본 뒤로 두 번다시는 텔레비전 방송국이 얼간이들로 들끓는다고 말하지 않는다. 텔레비전 천재들 중 한 명을 만났기 때문이다.

〈크리미널 마인드〉 제작진은 나를 직접 출연시켜 드라마 속 강연장에서 안와피질과 전사유전자에 대해 설명하게 했다. 나는 배우가 아니지만 카메라 때문에 긴장하지 않았다. 오히려 카메라 렌즈에 비친 나 자신을 보면서, '넌 내 거야'라고 생각했다. 내가 내 연기를 장악하고 있으니 카메라도 촬영도 청중도 두렵지 않았다. 이는 아마도 자기도취일 성싶다. 이처럼 군중들 앞에 설 때 나는 우쭐해지고 에너지를 받는다. 그것은 나에게 마약과도 같아 1987년에 콩팥을 주제로 강연을 할 때는 네 시간 동안 멈추지 못했다. 그런 일은 일상 속 대화에서도 일어나서 가족들이 나에게 자제하라고 알려줘야 했다. 딸아이 타라가 안절부절못하거나 아내가 눈알을 굴리면, 나는 그때서야 그만해야 할 상황임을 알아차린다.

〈크리미널 마인드〉와《월스트리트저널》의 반향은 컸다. 2010년부터 2012년까지 나는 전 세계에서 120회가 넘는 TV 및 라디오 인터뷰 요청을 받았다. 사이코패시 과학에 초점을 맞추고 싶은 내 의사와는 상관없이 모든 매체가 나의 사적인 이야기를 듣고 싶어 했다.

가장 당혹스러웠던 것은 온 세상이 내가 유서 깊은 미치광이 폭력배들의 후손임을 알게 되었다는 사실이 아니었다. 나 자신이 걸어 다니고 말하는 증거가 되어 '우리는 태어난 대로 살아간다'는 내 이론을 스스로 반박하고 있다는 사실이었다. 공격적이고 기이한 행동을 유발하는 온갖 고위험 유전자 변이를 굉장히 많이 물려받았고 뇌 역시 전형적으로 교도소에서 갓 나온 뇌처럼 생겼지만, 나는 지나치게 폭력적인 사람이 아니었다. 기뻐해야 마땅할 일이었지만 기쁘지 않았다. 나는 유전적 결정론을 전도하면서 수십 년을 보낸 사람이었다. 그러므로 유전자와 뇌의 기질적 상태에 따라 내가 매우 폭력적인 사람이어야 하는데 실제로 그렇지 않다는 사실은, 곧 내가 본성-양육 비율이 50 대 50이라고 주장하는 신경과학계 동료들 앞에서 커다란 굴욕을 당해야 한다는 얘기였다. 하나도 재미없을 것 같았다. 다행히 동료들이 대놓고 면전에서 조롱하고 눈알을 굴리는 일은 일어나지 않았지만, 더 심각한 일이 일어났다. 동료들이 걱정하는 마음으로 나에게 연락해온 것이다.

친구 사만다는 이렇게 말했다. "짐, TED 영상 봤어. 그런데 네 안와피질과 복측 측두엽이 완전히 떨어져나간 거 알고 있었어?" PET 스캔 사진상으로 활동이 없으면 뇌의 내용물이 없는 것처럼 보일 수도 있다. 그래서 동료 신경과학자 제프리는 "이봐, 너 거기에 빈 공간이 많던데. 뇌실ventricles이 큰 거야?"라며 뇌의 척수액으로 채워진 주머니를 가리켰다. "너무 많은 게 꺼져 있더라. 놀라지 않았어?" 물론 나는 놀라지 않았다. 어떤 친구는 내 전두엽과 측두엽의 아래쪽 절반, 즉 복측에서 활동이 너무 적어 나의 뇌가 다소 중증의 반사회적인격장애, 다시 말해 사이코패스의 특성 중에서도 대표적으로 범죄적인 특성을 보이는 사람의 뇌처럼 보인다는 데 주목했다. 그리고 이러한 뇌를 가진 사람은 공감을 거의 하지 못하고, 타인들과 감정적 수준에서 유대를 맺을 수 없다고, 또한 그러한 뇌는 일반적인 윤리와 도덕도 수용하지 못할 게 틀림없다고 말했다.

하지만 예일대학교 출신의 오랜 친구이자 세계적으로 손꼽히는 전전두엽 전문가인 에이미 안스텐Amy Arnsten 박사는 나의 강연을 보고 다른 가설을 세웠다. 그녀는 내가 5-HT2A 수용체, 다시 말해 세로토닌 수용체를 다량으로 생산하는 유전자 변이를 지녔을지도 모른다고 말했다(GWAS 결과를 받자 그녀가 옳은 것으로 드러났다). 5-HT는 세로토닌의 간단한 화학명인 '5-하이드록시트립타민^{hydroxytryptamine}'을 가리키고, 2는 세로토닌 수용체의 '2' 군을, A는 2군의 하위유형을 가리킨다. 명명법이 이처럼 복잡한 이유는 역사와 분류학을 고려하면 어느 정도 이해가 된다. 5-HT 수용체는 최소한 13개 유형이 알려져 있다. 세로토닌 수용체를 부호화하는 이 13개 유형의 유전자마다 많은 변이가 있고, 이는 5-HT2A 유전자 변이가 부호화하는 단백질이 기본적인 일을 하는 데 더 효과적이거나 덜 효과적일 것임을 의미한다. 이 경우의 일이란 수용체 단백질이 되어 근처의 세로토닌 분자를 붙잡는, 다시 말해 세로토닌 분자와 '결합하는' 것이다. 안스텐은 내가 다소 강력한 5-HT2A 유전자를 물려받았을 수도 있다고 했다. 그리고 5-HT2A 수용체들은 뇌에서 도덕성과 억제를 담당하는 부분인 안와전전두피질의 스위치를 끄므로, 내가 물려받았을지도 모르는 유전자 변이는 안와피질을 아예 꺼버리다시피 한다고 나의 뇌 스캔 사진을 설명했다.

안스텐은 이 유전자 패턴, 그러니까 뇌 기능 패턴의 일부가 쾌락주의자나 파티광의 그것과 일치한다고 말했다. 그리고 매력적인데다 다가가기 쉽고, 친절하며 믿음직스러운 사람으로 보이게 할 수 있다고 말했다. 물론 나는 그런 사람이었다.

나를 설명할 수 있는 가설들이 유전자 수준, 뇌 회로 수준, 행동 수준에서 미친 듯이 확대되고 있었다. 만일 내가 5-HT2A 수용체 유전자의 더 드문 변이나 대립유전자를 가지고 있다면, 나의 PET 스캔 사진과 행동을 설명하는 데 도움이 될지 몰랐다. 하지만 그러한 변이는 시각피질의 스위치를 꺼버리는데 그런 양상은 나의 PET 스캔 사진에서 보이지 않았다. 즉 내 측두엽 앞쪽에 활동이 없는 것은 이 유전자 변이와 들어맞지는 않음을 의미했다. 다른 일들도 진행되고 있어야 했다. 다른 뇌 부위들을 켜거나 끄는 세로토닌 수용체들 또한 있었기에, 어쩌면 추가로 나는 시각피질과 측두엽 패턴을 상쇄하는 여타 세로토닌 수용체의 다른 변이를 가지고 있는지도 몰랐다(실제 그런 것으로 드러났다).

2010년에는 디스커버리 채널Discovery Channel의 PD 한 명이 나에게 전화를 해서 (이들은 프로그램 제작을 위해 이따금 연락을 해온다) 내가 어떤 프로젝트를 진행 중인지, 뭐가 되었든 자기네가 따라붙어서 영화로 만들어도 되느냐고 물었다. 나는 이전에 검사하지 않거나 제대로 검사하지 않은 모집단에서 유전과 행동을 검사하는 '메드진MedGene' 프로젝트를 진행하고 있다고 했다. 또 모로코의 깊은 사막으로 가서 유목생활을 하는 베르베르족과 베두인족을 인터뷰하고 데이터를 수집할 예정이라고 했다. 그들은 우리와 동행했고, 금상첨화로 돈까지 댔다. 마치아르디와 나는 먼저 모로코 마라케시에서 열린 세계사회정신의학회의 World Congress for Social Psychiatry에 참석해, 사하라사막으로 들어가 검증 테스트를 해도 좋다는 승인을 얻었다. 우리는 알제리, 튀니지, 리비아, 모로코, 이집트, 팔레스타인 출신의 유전학·역학 정신의학자들과도 협력체계를 구축했다. 부분적으로 폭력이 세대를 초월한다는 나의 발상에 대한 시험을 시작할 수 있게 하기 위해서였다. 나는 아들 제임스(나의 연구실 보조연구원)와 디스커버리팀과 함께 그 과정을 촬영했다. 그러나 일주일쯤 뒤 반정부 시위 아랍의 봄 Arab Spring의 열풍이 덮치면서, 우리의 프로젝트는 지금껏 보류 중이다.

하지만 프로그램에 필요한 데이터는 얻었다. 내가 통역을 써서 각 부족민들을 면담하는 동안, 제임스는 나중에 유전자 검사를 하기 위해 유리병에 부족민들의 타액을 모아 얼음 위에다 얹었다. 유목민들은 네 세대만 거슬러 올라가도 기억하는 게 없는 사람들이라 우리는 그들의 전사유전자 보유율이 낮으며 그들의 평화로운 사회에서는 전사유전자가 별 도움이 되지 않을 것이기 때문이라고 가정했다. 백인들은 X염색체 약 30퍼센트에 고위험 MAOA 대립유전자를 가지고 있다. 아프리카인과 중국인, 마오리족은 비율이 훨씬 더 높다. 이러한 인종적 차이는 계속 논란이 되어왔는데 모로코의 유목민 부족들에 대해서는 밝혀진 바가 없었다. 그런데 만일 배두인족과 같은 아랍인의 전사유전자 비율이 더 높은 것으로 드러나면 어쩌지? 우리는 두 시험군 모두에서 30퍼센트보다 낮을 것으로 예측했는데.

우리 생각은 틀렸다. 그 비율이 약 30퍼센트로, 유럽인과 북아메리카인만큼 높았던 것이다. 결과대로라면 환경은 내 예상보다 더 큰 역할을 할지도 몰랐다. 사막의 가혹한 조건에서는 생존을 위해 협력할 필요가 있었을 것이다. 폭력적이면 추방될 수도 있을 테고, 그러면 혼자가 되어 죽을지도 모른다. 그런 만큼 이 경우 사람들의 공격성을 제한하고 있는 건 유전이 아니라 문화였다. 본성이 아닌 양육 말이다. 이건 DNA가 우리 행동의 80퍼센트를 설명한다는 나의 믿음에 가해진 또 하나의 작은 일격이었다.

| 나의 뇌는 무엇이 다른가?

2011년, 나는 사이코패시와 폭력, 학대, 나 자신의 뇌에 관한 연구로 돌아갔다. 그리고 내가 대학 입학 이전에는 그토록 도덕적이고 품행이 바른 듯했다가 그 후에는 딴사람이 된 이유를 파헤치기 시작했다.

강박장애가 생기고, 과도한 독실함과 기이한 상상을 경험한 사춘기에 나의 뇌에서는 전전두피질의 복측 흐름 회로가 과도하게 활동했던 듯하다. 윤리와 도덕에 보이는 강박관념과 과도한 주의집중은 안와 및 복내측 전전두피질의 기능항진overfunctioning을 가리킨다. 사춘기가 오지 않은 아이들이 윤리, 도덕, 공평성을 크게 의식하는 것은 정상이다. 하지만 아이가 청소년기에 들어서면 전전두엽계의 배측 흐름 회로가 점점 더 성숙하기 시작하고, 따라서 일부 아이들의 정서성emotionality과 과도한 도덕성은 냉정한 논리, 추리, 계획과 삶의 실용적 기능들을 처리하는 배측 흐름에 의해 기가 꺾인다. 이러한 복측 흐름 회로에서 배측 흐름 회로로의 전환을 통해 청소년기가 끝나기 전에는 뜨겁고 감정적인 도덕 기반의 사고 및 기분을 더 성숙하고 논리적인 추론으로 균형을 잡아야 한다. 얼추 스물다섯 살 전에는 감정과 이성의 균형이 충분히 맞아야 하는 것이다.

배측전전두엽 흐름을 향한 정상적 '상향上向' 반전이 일어났어야 하는 10대 말에, 나에게도 복측계가 꺼지면서 상향 반전이 일어나긴 했다. 하지만 전전두피질이 10대 이후 계속 '위쪽'에 머무름으

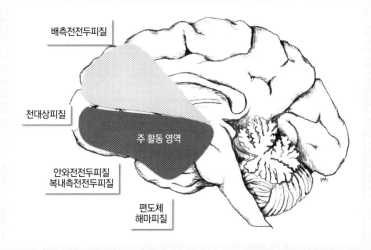

그림 6A | 미숙한 전전두엽계. 정상적으로 활동하는 사춘기 이전 아동의 전전두피질은 복측 흐름 회로(어두운 회색)에서 높은 성숙도와 활동도를, 배측 흐름 회로(밝은 회색)에서 낮은 성숙도와 활동도를 보여준다.

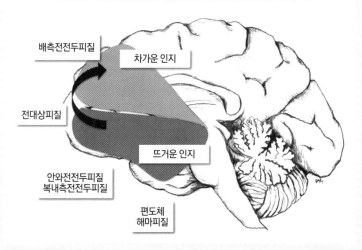

그림 6B | 성숙 중인(그리고 반전 중인) 10대의 전전두엽계. 정상적으로 성숙해가는 청년기 초중반의 전전두피질계에서는 배측 흐름 회로와 그에 연관된 차가운 인지가 성숙해진다.

로써, 차가운 인지를 대단히 편애하는 대가로 복측의 감정 기능과 도덕 기능을 희생했다고 생각한다. 20대 때 갖춰야 했던 균형 잡힌 모습을 영영 갖추지 못했고, 배측 흐름의 차가운 인지 기능이 번성하는 동안 복측 회로가 무력해진 것으로 보인다. 그래서 나에겐 사람들 대부분이 가지고 있는 대인 기술과 공감 능력이 없었던 것이다(다음 장에서 이 주제를 다시 다룬다).

추측한 바로, 나는 사춘기 무렵과 10대 초반에 복측전전두피질이 해당 나이 때의 정상 수준보다 더 활발하게 활동함으로써 결국 강박관념, 과도한 독실함, 과도한 주의집중을 가지게 되었다. 실제로 그 기간에 나에게서 그런 증상들이 보였다. 뇌에서 반전이 일어나 배측 회로가 증가하고 복측 회로가 감소해 전두엽이 동적 평형 상태로 들어가야 했던 청년기 후반에도 다른 뭔가가 일어났다. 배측계와 복측계의 평형이 일어나지 않은 이유는 아마도 전대상피질에 있는 스위치에 결함이 있어서였을 것이다. 10대 후반에 복측계가 너무 많이 차단되었을 테고, 배측계의 기능이 항진되었을 것이다. 행동 면에서는 빈틈없이 실행하는 특성이 생기고 감수성은 밋밋해졌을 것이다.

전두엽에서 평형이 깨진 상태는 나의 성년기 PET 스캔 사진(그림 6E)이 보여준다. 어째서 내가 보통 사람보다 인간관계의 바탕

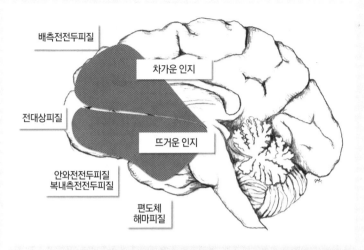

배측전전두피질

차가운 인지

전대상피질

뜨거운 인지

안와전전두피질
복내측전전두피질

편도체
해마피질

그림 6C ㅣ 성숙한 성인의 균형 잡힌 전전두엽계. 정상적으로 성숙해가는 청년기 종반과 성년기 초반의 전전두엽계는 복측 회로와 배측 회로의 균형을 보여준다.

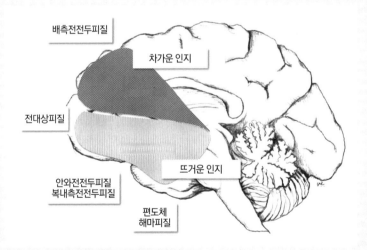

배측전전두피질

차가운 인지

전대상피질

뜨거운 인지

안와전전두피질
복내측전전두피질

편도체
해마피질

그림 6D ㅣ 과도하게 상쇄된 성인의 전전두엽계. 복측 전전두엽계로부터 복측/배측이 균형을 이룬 전전두엽계로 반전이 일어난 뒤 균형이 깨진다.

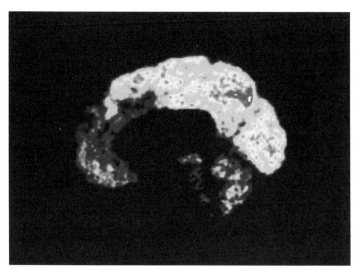

그림 6E | 나의 성년기 PET 스캔 사진

을 훨씬 차가운 인지와 공평함에 두는지 설명해줄 것이다.

차가운 인지와 계획을 담당하는 배측계가 나의 대학 시절에 우세해졌다면, 그 시기에 내가 무모한 남자가 된 이유는 뭘까? 뭐, 나는 그전부터도 언제나 학급 광대였고 어느 정도 쾌락을 추구하는 사람이긴 했다. 하지만 내가 쉽게 중독되는 성격임을 알고는 자제했는데, 대학 시절부터는 배측계의 책임을 감당하는 능력에 자신이 생긴 터라 내가 파티를 즐기면서도 과제를 끝낼 수 있음을 알고 있었던 것이다. 게다가 당시에는 나를 방해할 안와 및 복측의 도덕

계통도 없었다.

| 회로 간의 상호작용이 원활한 뇌 vs 어려운 뇌

2013년 초에는 나의 뇌와 관련해 또 다른 측면을 이해하게 되었다. 루빅스 큐브 모델을 언급하며 나는 관심부터 기억, 언어, 감정, 도덕성에 이르는 행동의 해부학적 기초를 형성한다고 생각되는 서로 다른 뇌 회로들을 거론했다. 뉴런들이 어떻게 우리로 하여금 의식적 사고와 느낌을 경험하게 하는지(의식의 철학적 문제)를 확실하게 설명한 사람은 아직 아무도 없지만, 뇌를 회로 관점으로 보는 것은 인지를 어느 정도 설명해주며 우리가 유전학, 신경약학, 구조적·기능적 뇌 스캔에서 찾아낸 데이터들을 체계화하는 틀이 된다.

기능이 서로 다른 회로들에서 우리가 반복해 측정할 수 있는 한 가지 특징이 있다. 바로 지각이나 감정과 같은 일반적 기능마다 경쟁하는 두 개 회로, 다시 말해 상호 억제하는 회로가 작동하는 것으로 보인다는 점이다. 이제부터는 편도체처럼 공포, 불안, 공격성, 쾌감과 같은 기본 충동을 매개하는 변연계의 영역들 그리고 이 편

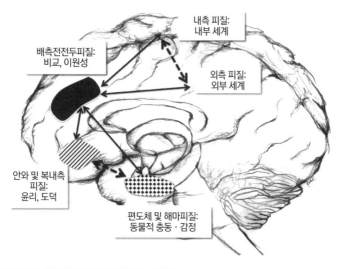

그림 6F | 배측전전두피질이 지각하는 이원성

도체적 충동의 억제를 매개하고 최고 수준에서는 윤리와 도덕과 관련한 행동에 한몫 거드는 것으로 보이는 안와 및 복내측 전전두 피질 사이의 경쟁적 상호작용에 초점을 맞추고자 한다.

그림 6F에서 안와 및 복내측 피질은 빗금으로, 편도체 및 해마 피질은 검은 다이아몬드 모자이크로 표시된다. 이 두 영역은 서로 직접 연결되어 있고, 점선으로 보였듯이 서로를 억제한다. 두 영역 모두에서 출력되는 정보 일부는 '하류'로 보내져서 대뇌기저핵의

운동 영역과 그림 6F에는 그려 넣지 않은 뇌간 안의 세로토닌 및 도파민 세포들에까지 도달한다. 하지만 일부는 그림에서 검은색으로 표시된 배측전전두피질로 보내진다. 정확한 경로를 이해하는 사람은 아무도 없지만, 배측전전두피질은 어떤 식으로든 두 출력 정보를 비교해 특정 순간에 어떻게 행동해야 하거나 행동하지 말아야 하는지 의식적 '결정'을 내리도록 돕는다. 배측전전두피질이 편도체 회로에서 기원하는 감정적·동물적 충동을 안와 및 복내측 피질 회로에서 기원하는 사회적·윤리적 맥락과 비교하는 것이다. 이 과정에서 연결 역할을 하는 변연피질의 조각들이 공감이라는 중요한 인간적 요소를 첨가해 도움을 준다.

이 과정을 설명하는 또 하나의 방법은, 정신분석의 언어로 자아를 뜻하는 에고^{ego}(배측전전두피질)가 이드^{id}(편도체)의 충동과 초자아(안와 및 복내측 피질)의 도덕적 맥락 사이의 갈등을 조율한다고 보는 것이다. '뇌는 기계'라는 환원주의적 관점으로 본다면, 우리는 배측전전두피질이 충동과 사회적 맥락 사이의 갈등을 '보고' 결정을 내린다고 설명할지도 모른다.

이원적 회로는 외부의 감각운동 세계를 감시하여 우리를 외부 환경과 연결해주는 어떤 부분과 관련된다. 이 회로는 뇌의 좌우 양편에 있는 신피질의 외측 조각 안에 위치한다. 이 회로와 상호 억제하는 회로는 두 반구 사이 피질의 가운데 조각 안에 있고, 자신과 타인의 감정을 감시하는 데 전념한다. 이 회로는 우리가 백일몽을 꾸면서 환경에 의식적으로 주의를 기울이지 않고 있을 때 가장 활발한 신경망인 '초기 모드 신경망default mode network'(외부 자극에 집중하지 않고 아무것도 하지 않는 휴식 상태에서 활성화되는 회로 - 옮긴이)과 겹친다. 이 신경망의 기능도 편도체나 섬엽과 마찬가지로 명시적이라기보다 암묵적인 편이다. 즉 우리는 이 신경망이 작동 중임을 의식적으로 자각하지 못하는 경우가 많다. 그림 6F에서 보듯, 물리적 세계와 감정적 세계를 감시하는 두 회로 또한 서로를 억제하며, 역시 연결되어 있는 배측전전두피질이 그 순간 주목해야 할 가장 중요한 세계는 어느 쪽인가를 결정하는 데 도움을 준다. 이 회로가 우리가 의식하는 세계에서 두 번째 이원성을 창출한다.

여기서 우리의 이야기와 특히 관련 있는 부분은 아래쪽 복측의 안와 및 편도체 회로와 위쪽 정중선正中線의 회로 둘 다 사이코패스의 뇌에서는 활동이 저조하다는 점이다. 그리고 나의 뇌에서도 그렇다.

이것이 사이코패스의 행동과 태도에 어떻게 영향을 미칠까? 2012년 말, 케이스웨스턴리저브대학교의 앤서니 잭Anthony Jack은 정중선(감정적) 회로와 외측(기계적) 회로가 서로를 억제한다는 걸 설득력 있게 입증했다. 그런 다음 2013년에는 뇌가 정중선 대외측 이원론으로 우리의 실재관을 제한한다는 가설을 세웠다. 이 적대적 두 회로가 외부의 기계적 세계와 사고 및 느낌의 세계를 다르게 보아 생긴 두 지각에 대한 '느낌'의 차이에서, 몸과 마음, 물리세계와 정신세계를 가르는 우리의 이원론적 관점이 생긴다는 것이다. 이는 우리가 의식을 단순한 뇌 활동 이상의 뭔가로 보는 이유, 다시 말해 우리가 영혼을 믿는 이유를 설명해준다.

잭의 설명은 통찰력이 있을 뿐만 아니라, 나 자신의 삶이 품고 있던 한 가지 수수께끼를 다시 바라보는 데에도 도움이 되었다. 잭의 설명은 이원론을 바라보는 새로운 방식을 제시한 것은 물론, 한 걸음 더 나아가 이원론의 문제 자체를 이해하지 못하는 사람들도 있다는 걸 뜻했다.

지난 40년 동안 학계에서 활동하면서 지금껏 이원론에 관해 읽어왔고 또 다른 사람들과 이야기해왔지만 난 좀 의아했다. 나로서는 애초에 이해가 되지 않았던 것이다. 나에게 뇌란 기계, 즉 자동차와 같고, 마음과 느낌이란 그 차의 속도와 같은 것이었다.

이원론이라는 관념 자체에 당황하는 사람들이 어떤 부류냐고 묻는다면, 그 답이 바로 사이코패스다. 내가 다른 사람에 공감하지 못하는 것과 신, 영혼, 자유의지에 대한 믿음을 내버린 것도 아마이와 연관이 있을 것이다.

| 고문 포르노 전문가도 사이코패스가 아닐 수 있다

2011년, 나는 디스커버리 채널 프로그램을 또 한 편 찍었다. 〈당신은 얼마나 사악한가?How Evil Are You?〉라는 이 프로그램을 위해 영화감독이자 배우인 일라이 로스 Eli Roth는 나더러 자기 뇌를 스캔하고 유전자를 검사해달라고 했다. 이유는 말해주지 않았다. 내게 그는 그저 쿠엔틴 타란티노 Quentin Tarantino 감독의 〈바스터즈: 거친 녀석들 Inglourious Basterds〉(2009)에서 야구방망이를 휘둘러 나치를 살해하는, 일명 베어 주 Bear Jew 역할을 연기한 사람일 뿐이었다. 나는 일라이와 제작진에게 분석을 하기 전에는 아무것도 알고 싶지 않다고 말했다.

로스는 혈액을 뽑고 연구실로 가 fMRI를 찍었다. 로스는 번갈아 제시되는 두 유형의 이미지들을 보았다. 개나 장미와 같은 중립적 이미지들이 있었고, 테러리스트 또는 총에 맞거나 두들겨 맞는 사람들의 모습 같은 감정적 이미지도 있었다. 우리는 뇌의 어떤 부분이 언제 활발해지는지에 관한 데이터를 수집했다. 데이터 분석 뒤,

나는 동료 마치아르디에게 전화를 걸었다. "이 친구 굉장한데. 감정적으로 긴장되는 장면을 볼 때마다 모든 감정 영역에 불이 켜진다니까. 내 장담컨대, 이 친군 그때마다 심장이 미친 듯이 두근거리면서 토하고 싶은 느낌일 거야." 하지만 로스의 자기인식 기능이 있는 정중선 영역(앞에서 얘기한)은 꺼져 있어서, 그는 매우 동요하면서도 자신에게 무슨 일이 일어나고 있는지는 전혀 몰랐을 것이다. 반면에 중립적인 사진들을 보면 쾌감 영역들에 불이 켜졌다. 평소 다른 사람들에게는 나타나지 않는 일이었다.

유전학은 로스가 옥시토신과 바소프레신, 즉 유대감을 촉진하는 호르몬의 수준을 높이는 대립유전자를 가지고 있음을 보여주었고, 이는 로스가 자기 가족에게 공감하는 능력이 뛰어나다는 것(즉 결혼하기에 아주 괜찮은 남자임)을 시사했지만, 동시에 집단 바깥의 사람들에게는 적대적일 것임도 시사했다. 나는 마치아르디에게 말했다. "이 친군 반듯한 사람이야, 하지만 화나게 하지는 않는 게 좋을 것 같네."

로스는 결과를 듣고 창백해졌다. 자신이 처음 본 영화가 〈에일리언Alien〉이었는데 그때 극장에서 토했다고 말했다. 그리고 무서운 영화를 볼 때면 자기를 완전히 잊는다고도 했다. "제 직업이 뭔지 아세요?" 그가 물었다. "배우잖아요." 내가 대답하자 로스는 다음과 같이 말했다. "중요한 건 제가 공포영화의 제작자, 감독, 작가라는 겁니다." 로스는 흔히 고문 포르노^{torture porn}라고 묘사되는, 잔혹한 영화 〈호스텔^{Hostel}〉의 감독이었다. 내가 말했다. "당신은 자가치료 중이로군요." 그런 영화들을 만드는 건, 사람들이 거미와 같은 공포의 대상에 점점 더 가까이 다가감으로써 공포를 극복하는, 일종의 노출요법^{exposure therapy}이었다.

"저는 같이 일하기에는 끔찍한 사람입니다. 폭군이거든요. 저와 함께 일하는 사람들은 예전부터 끊임없이 '넌 가서 검사를 받아봐야 해, 인마. 넌 빌어먹을 사이코패스니까'라고 말해왔어요." 로스가 덧붙인 말이다.

하지만 로스는 다정한 사람이었다. 프로그램이 끝난 뒤, 그는 나와 함께 우리 집으로 갔다. 그리고 "전 술을 안 하는데, 오늘은 맥주 한잔해야겠어요"라면서 말을 이었다. "그리고 선생님이 한 말을 아버지한테 전화로 들려줘야겠어요." 로스는 전직 정신분석가인 그의 부친에게 이렇게 말했다. "아버지, 저 방금 촬영을 마쳤어요. 아버지가 제게 항상 하던 말을 뇌과학자가 하더군요."

나는 유전자와 fMRI를 통해 로스의 머릿속에서 무슨 일이 일어나는지 파악할 수 있었다. 이는 유전학과 영상법이 사람들을 이해하는 데 도움이 되지 않는다는 생각에 대해 일종의 해소책이 될 수 있었다. 이 두 가지 중 하나만으로는 많은 것을 예측할 수 없지만, 두 가지가 한데 모이면 그 힘은 매우 강력해진다. 분석 대상인 사람의 어린 시절에 관해 아는 것도 도움이 된다. 로스의 부친은 나에게 로스가 유대인이 13살이 되면 치르는 성인식인 바르미츠바 bar mitzvah 때 찍은 사진을 보내주었다. 케이크가 가짜 피로 덮여 있었다.

나는 로스의 인격을 예측하면서 프로그램을 즐겼다. 하지만 이런 분석은 법정에서는 위험할 수 있다. 유용한 임상 도구와 그럴싸한 실내 게임으로 누군가의 생사를 결정하는 것은 너무나 큰 비약이다. 나는 구형 단계의 사건들에 대해서는 여러 번 조언을 했지만, 죄를 판결할 때 이런 분석에 의지한다면 섣부른 일이 될 것이다. 윤리적으로는 여기에 반대할 여지가 없지만, 과학적으로는 아직 준비가 되지 않았기 때문이다. 예컨대 로스는 제멋대로인 뇌를 가지고 있지만, 범죄자는 아니었다. 재능이 있고 종류가 다른 사내일 뿐이었다. 내가 아는 누군가처럼.

7장

/

사이코패스도
사랑할 수 있을까

다이앤과 나는 1960년 6월 말에 처음 만났다. 나는 루던빌의 상류층 구역에 살았고, 다이앤은 메넌즈의 노동자 거주지에 살았지만 가난하지는 않았다. 다이앤의 할아버지는 무일푼으로 자랐지만 부동산으로 자수성가해 올버니 중심가에 큰 땅뙈기를 소유했다가 1929년 주가 폭락으로 모든 걸 잃었다. 그래서 다이앤의 아버지는 다시 바닥에서 시작했지만, 자력으로 상당한 부동산을 갖게 됐다. 결국 동네 유지가 되었고, 월퍼츠루스트컨트리클럽의 회장으로 선출됐다. 다이앤과 내가 만난 곳은 그 클럽의 수영장이었다.

나는 동생 피터와 톰을 데리고 날마다 클럽 수영장에 갔다. 셋이 수영을 배운 곳이 거기였고, 피터와 톰은 중학교와 고등학교 내내 실력이 탁월해서 톰은 뉴욕주 100미터 선수권대회까지 나갔다. 나는 모든 스포츠에서 그랬듯 수영에서도 두각을 나타내지는 못했지만 단거리 자유영과 평영만큼은 잘하는 편이었다. 천식이 심각해지기 전까지 말이다. 우리는 카드놀이도 끔찍이 좋아했다. 우리끼리도 하고 클럽에서 만난 친구들과도 했다. 카드놀이뿐 아니라 고모들과 삼촌들에게서 배운 다른 게임들도 했다. 우리 집 어른들은 하나같이 실내 게임 고수들이었다.

7월이 다가올 무렵에는 많은 아이를 알게 됐는데, 어느 오후에 새로운 소녀의 목소리가 들려왔다. 나한테서 몇 미터 떨어진 물 속에 있었지만, 나는 그 소녀가 불필요하게 큰 소리로 말하는 걸 들을 수 있었다. "저 남자애는 팰런 가문 사람일 리가 없어. 팰런이라기엔 너무 뚱뚱해." 목소리가 들리는 곳을 보니, 어떤 여자애가 친구들과 낄낄거리고 있었다. 내가 그녀를 눈으로 뒤쫓자, 그녀는 고개를 돌리고 나를 보고 웃었다. 나는 약이 올랐지만 그녀의 당찬 장난기가 내 호기심을 자극했다.

그 뒤로 나와 그녀는 몇 주에 걸쳐 말을 섞기 시작했고, 머지않아 수영장 가장자리 테이블에 앉아 카드놀이를 하곤 했다. 그녀는 분명 나보다 성장 속도가 빨랐고, 당시의 나는 딱히 사춘기가 끝날 무렵도 아니었을뿐더러 성이나 연애에는 무지했다. 하지만 내가 그녀에게 끌린다는 사실만은 알고 있었다. 부분적으로는 그녀의 자신감 때문이었지만 재치와 총명함에도 끌렸다. 우린 겨우 열

두 살이었지만, 그녀는 세상사를 이해하는 듯했고, 그것이 정말로 나를 옴짝달싹 못하게 했다. 그런 사람을 만난 적이 없었기 때문이다. 나는 오늘날까지도 그녀와 같은 사람을 알지 못한다.

어느 금요일 밤에 댄스파티가 열렸다. 파티에는 어른들도 참석했다. 그리고 어머니와 플로 고모가 다이앤에게 춤을 신청하라고 나를 부추겼다. 우리가 서로 좋아하는 걸 아는 게 틀림없었다. 어머니와 플로 고모는 50년이 지난 지금까지도 내가 당시 입고 있었던 흰색 반바지에 대해 한바탕 웃으면서 나를 놀리곤 한다.

댄스파티는 광란의 도가니였고, 다이앤과 나는 서른 번쯤 춤을 추었다. 그렇지만 이듬해 6월까지는 다이앤을 보지 못했다. 다이앤이 학교로 돌아가야 했기 때문이다. 그녀의 오빠 마이크와 내가 친한 친구인 터라 내가 마이크의 집에 들르면 그녀를 볼 수 있었겠지만, 나는 그렇게 하지 않았다. 항상 여름을 기다렸는데, 정말로 여름은 마법과도 같았다. 우리는 고등학교를 다니는 내내 여름마다 수영장에서 함께 놀았다. 카드놀이와 보드게임도 하고 수영 시합도 했다.

2학년이 끝날 무렵, 나는 드디어 다이앤과 사귀는 데 성공했다. 1964년 8월 2일, 나는 마이크를 보러 갔고, 다이앤과 지하실로 내려갔다. 우리는 TV를 보고 수다도 떨고 서로를 지분거리기도 했다. 그러다가 전에도 가끔 그랬듯이 레슬링을 시작했다. 나는 한 차례 테이크다운^{takedown}(서 있는 상대를 쓰러뜨려 매트에 눕히는 기술-옮긴이)을 했고, 그녀를 하프넬슨^{half nelson}(등 뒤에서 한쪽 겨드랑이 밑으로 손을 넣어 상대방의 목을 제압하는 기술-옮긴이)으로 제압하고는 발목을 잡아 소파 위로 쓰러뜨렸다. 그리고 첫 키스를 했다. 분위기는 달아올랐다. 나는 처음부터 그녀를 좋아했지만, 이 순간엔 그녀에게 미쳐 있었다.

우리는 항상 붙어 다녔다. 이듬해인 1965년 가을 무렵, 다이앤과 나는 진지하게 미래에 관해 이야기를 시작했다. 우리는 매우 달랐지만, 공통의 관심사가 있었다. 하지만 그런 이야기들을 나누는 동안 그녀의 전체적인 세계관과 세상 및 자기 자신에 관한 수용력은 나의 것과 철저히 다르다는 게 분명해졌다. 특히 그녀는 미지의 것에 대해서나 죽음에 대한 공포가 없었다. 존재의 소멸에 대한 두려움도 없었다. 나로서는 까무러칠 만큼 놀라울 정도였다. 나는 그녀가 그러한 형이상학적 관점을 편하게 받아들인다는 것을 이해할 수 없었다. 나처럼 가톨릭 신자로 길러졌음에도, 다이앤은 계율에 구애받지 않았고 종교에서 모순처럼 보이는 것들을 문제없이 털어버렸으며, 영생에 대한 사람들의 욕구에 대해서 어리석다고 생각했다. 이승의 삶에 대한 그녀의 편안함은 오늘날까지도 여전히 내가 도달할 수 없는 경지에 있다.

다이앤과 나는 둘 다 아이들을 사랑하고 가족을 일찍 꾸리고 싶어한다는 점도 알게 됐다. 정치 성향에 관해서는, 그녀가 나보다 더 중립적이기는 했지만 그다지 다르지 않았다. 우린 대학생이 되어서도 점점 더 서로에게 빠졌고 여러 번의 겨울 동안, 640킬로미터 떨어진 두 사람이 낼 수 있는 최대한의 시간을 함께 보내려 애썼다. 다이앤이 입학한 체스트넛힐칼리지는 필라델피아 바깥쪽에 있었는데, 나는 한 달에 한 번 또는 이틀을 다이앤과 함께 보내려 히치하이크해서 내려가곤 했다. 우리는 3년 동안 교제하고 있었음에도 섹스를 하지 않았다. 이 점은 둘 다에게 극심한 고문이었지만, 좋은 사람이 되어야 한다는 나의 강박관념에는 필요조건이었다. 그럼에도 다이앤과 나는 서로 사랑했고, 고등학교 후반과 대학교 시절 내내 성적인 교류 없이 놀랍도록 낭만적이고 재미있는 시간들을 보냈다.

사실 나는 '사랑에 빠졌다'라고 말하지만, 다이앤에게 완전히 감정적으로 연결되었다고 느낀 적은 한 번도 없었다. 나와 다이앤 사이에 유대가 생겨난 이유 중 하나는 내가 공감을 통해 그녀와 연결되지 않았기 때문이다. 나는 다이앤을 결코 이해하지 못했다. 그녀는 매혹적이었고 지금도 여전히 그러하다. 우리에게는 공통의 목표와 가치(가족, 자유의지론, 불가지론)가 있어서 동지애도 있다. 하지만 그녀는 나에게 언제나 외계인처럼 느껴졌다. 다행히도 나에게는 그것으로 충분하고도 남았다.

1967년부터 1968년 무렵, 나의 사고와 행동이 변하기 시작했다. 공격성이 눈에 띄게 높아졌고, 풋볼 경기장에서 사람들이 다칠까 봐 노심초사하지도 않았다. 알파인 스키 경주를 하면서도 최대한 속도를 빠르게 하는 데만 집중했다. 나는 온화함을 잃었고, 학문적으로 두각을 나타냈다. 마치 나의 공격성 스위치가 켜진 듯했다. 교회는 더 이상 다니지 않았고, 도덕성 또한 사라졌다. 허풍의 수준도 날로 높아졌다.

1968년 겨울에도 나는 차를 얻어 타고 다이앤을 보러 필라델피아로 갔다. 보통은 640킬로미터쯤 되는 거리를 약 일곱 시간이면 갈 수 있었다. 1960년대는 아직까지 '대공포'(1969년부터 캐나다의 고속도로변에서 히치하이킹을 하던 여성들이 연쇄살해된 사건—옮긴이)가 미국의 발을 묶기 전인 터라 교통편을 얻는 데 아무 문제가 없었다. 하지만 그 주말에는 눈보라를 뚫고 가느라 길에서 하루를 거의 다 허비해야 했다. 농부의 트랙터에 앉아서 두 시간, 트레일러를 두 대 연결한 트럭을 타고서 네 시간을 가고 난 다음에는 60센티미터가 넘는 눈이 쌓인 데다 시속 80킬로미터가 넘는 돌풍이 불어서 히치하이크는커녕 앞을 보기조차 쉽지 않았다. 열여섯 시간이 걸려 마침내 다이앤이 있는 곳에 도착했을 때는 한밤중이었다. 그녀의 기숙사에 도착했을 때, 내 몸은 온통 눈으로 덮여 있었다. 다이앤이 키스하면서 물었다. "이 눈보라를 헤치고 왜 여기까지 왔어?" 나는 이렇게 답했다. "나도 몰라……. 내가 널 사랑해서인가 봐." 우리는 1969년 6월에 결혼을 했고, 그 뒤로 줄곧 함께 살고 있다.

대학생 시절, 나는 키 180센티미터에 몸무게 100킬로그램의 운동 기계였다. 대학 졸업 무렵엔 20킬로그램이 더 늘어 몸이 마치 풍선처럼 부풀어버렸다. 결혼식 턱시도 안에 나를 집어넣으려고 아버지가 날 코르셋 안에 쑤셔 넣어야 할 정도였다. 신혼여행 기간부터 살이 빠지기 시작했다. 학부 성적이 애매했던 나는 대학원에 진학할 계획도 없었고 직장 또한 없었다. 나는 건설 잡부를 하며 트럭을 운전했다. 목수 일도 좀 하고, 잔디도 깎고, 사라토가 경마장에서 바텐더로 일하기도 했다. 그러다 어느 가톨릭계 여자고등학교에서 교직을 얻을 수 있었고, 교내의 청일점으로 아가씨들을 가르치는 즐거움을 톡톡히 누렸다. 1970년 5월에 우리의 첫 아이 섀넌이 태어났다. 1971년에 딸 타라가, 1974년에 아들 제임스가 태어났다.

| 몸무게에 뭔가가 있다

나는 아이들이 태어난다는 게 황홀했다. 그런데 정작 아이들이 태어나자마자, 나는 병원을 떠나 며칠 밤 진탕 노는 걸로 축하를 대신했다. 오늘날엔 나처럼 하는 사람은 완전히 미친 놈 취급을 받을 것이다. 당시 사람들은 나를 웃기는 놈으로 여겼지만, 그래도 그런 행동을 용인했다. 나는 아이들이 충분히 자라 인간으로서 반응하기 시작할 때, 그러니까 걸음마를 할 때까지는 아이들에게 유대감을 느끼지 못했다. 그 이전의 아이들은 나한테 인형과도 같았다 (다른 아버지들에게도 유별난 일이 아닐지 모르지만). 일단 아이들에 대해 알게 되자 아이들과 함께하는 시간이 정말로 즐거웠고, 지금까지도 그렇다. 아이들은 기쁨과 매혹의 원천이었다. 새넌은 생후 아홉 달이 되자 걸어 다니고 좋알대면서 사람들을 즐겁게 해주었다. 타라는 조용했고 일찍부터 예민한 지각으로 주변을 인식했다. 제임스는 세 살이 되어서야 말을 시작했던 듯싶다. 그러더니 예닐곱 살이 되자 시간과 신과 우주의 본성에 관해 놀라운 말들을 하기 시작했다. 아이들은 정말로 천차만별이다.

공격성이 발현된 1968년, 내가 다이앤과 맺는 유대감도 약해졌다. 그전에는 다이앤을 신처럼 받들었지만, 그때부터는 그녀를 열

받게 하는 행동과 말을 하기 시작했고 그녀에 대한 감정도 변했다. 아이들이 생기고 나서는 그 전환이 더 빨라졌다. 다이앤에 대한 내 느낌은 열정에서 그녀가 어머니로서 하는 일에 대한 찬탄과 존경으로 바뀌었다. 아이들에 대한 감정도 변했다. 나는 내 아이들을 친구로서 사랑한다. 하지만 그 아이들이 내 자식이라는 점은 거의 잊고 산다.

셋째인 제임스는 내가 자기를 사랑하는 줄 알았다고 말했다. 내가 제임스한테 날마다 그렇게 말했으니까. 나는 제임스가 참가하는 수영 경기를 관전하며 아이를 응원했고(제임스는 오렌지카운티의 여러 단거리 수영 경기에서 우승을 했고, 섀넌과 타라도 뛰어난 수영 선수였다), 제임스는 그것을 고마워했다. 하지만 그 밖에는 감정을 드러내지 않아 제임스는 나에게서 일종의 단절감을 느꼈다고 말했다. 나는 절대 아이들 앞에서 소리를 지르지 않았고(그건 다이앤도 마찬가지였다), 아이들도 내 앞에서 소리를 지르거나 감정을 드러내지 않았다. 그래서일까. 2005년에 나의 뇌 스캔 사진을 본 아이들은 놀라지 않았고, 괴로워하지도 않았다.

기쁨 말고 내가 보인 유일한 감정은 분노였다. 나는 여간해서는 화를 내지 않고 보통 성가신 일이 있으면 방문을 닫고 틀어박혔다. 하지만 일단 터지면 사납고 무서워졌다. 그럼에도 불구하고 제임스는 내가 언제나 그의 영웅이었다고 말한다.

내가 감정적으로 냉담할 수 있었던 이유 중 하나는, 항상 나의 일에 100퍼센트 집중했다는 데 있다. 대학 졸업 뒤 교사로 1년을 일했던 나는 렌셀러폴리테크닉대학교 심리학과 석사과정에 입학했고, 거기서 나의 학문적 능력을 화려하게 과시했다. 그때는 우리 모두에게, 또 나의 허리둘레에도 마법의 시절이었다. 나는 컨디션을 회복해서는 시카고 일리노이대학교 의과대학 박사과정에 입학했고, 거기서 승승장구한 결과로 3년 뒤 학위를 따냈다. 박사학위를 받으려면 적어도 5년이 걸리게 마련이지만, 나는 가족들도 별로 볼 수 없을 정도로 밤낮으로 공부했다. 물론 질탕하게 놀기도 했는데, 이를테면 밤 열한 시까지 공부한 다음 뒷골목 술집에서 춤시합에 나가 돈을 버는 식이었다. 내가 새벽 다섯 시에 집에 들어가면 다이앤은 이렇게 말했다. "난 당신 일이 열한 시에 끝나는 줄 알았는데." 그러면 나는 답했다. "아, 그랬지. 그런 다음 밖으로 나갔어. 자, 보라고. 춤을 춰서 100달러를 받았다니까." 하지만 다이앤이 불평한 적은 거의 없었다. 나는 하룻밤에 네 시간만 잤던 만큼, 깨어 있는 여분의 시간에 바깥에서 즐기곤 했다. 집으로 돌아가봐야 가족은 자고 있으니 아무 의미가 없었기 때문이다.

나는 학문적으로 단단히 무장했고 UC 샌디에이고대학교 신경과학 박사후과정에서 맡을 다음 일을 향해 도약했다. 거기서도 학문적으로 그리고 사교적으로 빛나는 시간을 보냈다. 다만 나의 음주와 흡연과 식습관이 계속해서 나의 운동에 대한 열정을 갉아먹고 허리둘레를 늘려갔다. 1969년부터 1978년까지 UC 어바인에서 교수로 있던 시기에도 마찬가지였다. 나의 몸무게, 수면 습관, 공황장애 그리고 상당한 무모함이 내가 보내고 있던 다른 좋은 시간(때로는 지나치게 좋은 시간)의 광채를 계속해서 조금씩 깎아먹고 있었다.

직업적 성과가 오르락내리락하고 몸무게도 미친 듯이 변한다는 사실을 깨달은 뒤, 나는 테이프로 이어 붙인 그래프용지 여러 장에 이 리듬을 그려보기로 작정했다. 결과는 놀라웠다. 논문 발표 수, 연구비 액수 등을 기초로 직업적·창의적 산출량과 몸무게의 관계를 도표로 만들고 나니, 그 상관관계가 확실했다. 내 몸무게가 꼭짓점을 찍었을 때마다, 그러니까 몸무게가 대여섯 차례 130~135킬로그램에 육박했을 때마다 나의 직업적·창의적 산출량 또한 절정이었다. 그러다가 살이 다 빠져서 85~95킬로그램으로 돌아가면, 생산성도 0으로 떨어져 그 상태가 1~2년 지속되곤 했다.

내가 많이 먹고 담배 피우고 놀수록 그리고 운동을 덜 할수록, 모든 분야에서 성과가 좋았다. 다른 사실도 눈에 띄었다. 내 몸무게가 최고의 눈금을 찍을 때, 가까운 사람들과 소통하는 능력도 나아지는 듯했다. 몸무게가 최고점에 다가가는 동안에는 사람들, 특히 가족들과의 유대감도 커지는 듯했다. 어떤 식으로든 이 긍정적 특성, 지적·창의적 성과와 유대감은 연결된 듯 보였다. 그리고 때때로 담배 때문에 살이 빠졌을 때엔 생산성이 떨어지고 어떤 종류의 공감도 하지 못했다. 나는 정기적으로 섹시한 파티 보이가 되었지만, 동시에 얼간이가 되기도 했다. 이러한 때의 나는 나의 어떤 행동이 남들의 감정을 해칠지도 모른다는, 아니 물리적으로 해칠지 모른다는 걱정조차 전혀 하지 않았다.

나는 더 공격적이 되기도 했다. 야구 경기를 관람할 때는 운동장 가까이에 앉아 선수들(특히 레인저스의 포수 A. J. 피어진스키)에게 고함을 지르며 온갖 종류의 욕을 퍼부었다. 다른 팬들이 불평을 하면 "웬 참견이야?"라는 말로 그들을 짜증나게 했다. 평소에는 정말로 화내는 속도가 느리고 전혀 힘을 쓰지도 않았지만, 날씬해지면 좌석의 등받이를 뜯어낼 수도 있었다. 당신이 내 주위에 있을 거라면 내가 뚱뚱하고 술을 몇 잔 걸쳤을 때 있는 게 좋다. 그때는 나도 완전히 사랑스러운 사람이다.

몸무게의 변화와 행동의 변화가 왜 연결되는지 결코 알아내지 못했지만, 나는 여러 가지 가능성을 추측했다. 혹시 세로토닌과 도파민이 그리고 어쩌면 엔도르핀과 테스토스테론도 내 변연계 안에서 비정상적이지만 주기적으로 활동하는 건 아닐까? 이들 신경전달물질, 조절인자, 호르몬이 모여들어 가장 큰 영향을 미치는 측두엽과 그에 연관된 변연계, 곧 감정의 뇌가 특히 의심스러웠다. 수면 리듬을 포함해 세로토닌이 조절하는 나의 일일 리듬들이 바뀌면서 이 거센 요동에 연료를 공급한다고 짐작할 수 있었지만, 이는 추측에 불과했다.

나는 2011년에야 나의 유대감이 어떻게 몇 달 또는 몇 년 주기로 변하는지 궁금해졌다. 나의 대인관계 능력에 큰 문제가 있을지도 모른다는 의심이 들었기 때문이다.

| 공감과 거울뉴런

공감은 여러 방식으로 이해할 수 있다. 첫 번째로 공감을 동정과 대비시킬 수 있다. 이때 공감이란 다른 사람의 입장이 되어보는, 다시 말해 그가 경험하는 감정을 당신도 경험하듯 상상하는 능력이라고 여겨진다. 반면에 동정이란 다른 사람의 고통을 덜어주고자 하는 욕구에 가깝지, 실제로 상대의 감정을 그대로 느끼는 것은 아니다. 공감은 일반적으로 타인에 대한 감정 반응도를 가리킨다. 동정은 지진이나 홍수 피해자들의 곤경을 전해 들은 사람이 자신은 그런 피해를 실제로 경험한 적이 없는데도 시간을 내어 피해자들을 돕거나 구호 자금을 기부하게 하는 감정이다. 이는 남을 도우려는 사람은 피해자들에게 공감은 하지 않는다는 말이 아니라, 반드시 공감할 필요는 없다는 말이다. 반대로 공감하는 사람 중에는 자기가 남들의 고통을 느낀다는 사실을 감지하면서도 남을 돕는 일은 아무것도 하지 않는 사람들이 있다. UCLA 마르코 야코보니Marco Iacoboni가 진행한 생리학 연구들은 사람들의 관계 및 영향에 대해 큰 시사점을 준다.

거울뉴런계는 야코보니의 발견을 근거로 가정되는 뇌 회로다. 남이 뭔가를 하는 모습을 한 번만 지켜보면 즉시 자기도 같은 행동을 할 수 있는 영장류, 특히 인간의 능력은 전두엽과 두정피질의 영역에 있는 이 뉴런들 사이에 형성된 회로를 바탕으로 한다고 여겨진다.

예컨대 엄마가 수건을 개는 모습을 지켜본 아이가 바로 수건을 개려고 시도하는 이유를 설명하는 데 거울뉴런계의 존재는 도움이 된다. 아이는 엄마를 지켜보는 데 사용하는 감각운동계sensory motor system와 똑같은 세포군을 써서 그 과제를 수행하기 때문이다.

어른들도 거울뉴런계를 사용해 어려운 운동 과제들을 효과적으로 흉내 낼 수 있다.

나는 1990년에서 1991년까지 시니어 리서치 풀브라이트 장학금을 받아 케냐에서 연구했다. 형제 가운데 가장 운동을 잘하는 동생 톰이 나를 보러 왔다. 어느 날, 톰은 나와 함께 우간다 국경 근처 외딴 마을에 갔다. 내가 살던 집의 정원을 돌봐주던 버나드가 거기에 살고 있었다. 우리는 골프채를 갖고 갔는데, 마을 주민 다수는 골프채는 고사하고 백인을 본 적조차 없었다. 톰과 함께 마을 뒤편 넓은 들판을 보아둔 나는 버나드에게 통역을 부탁해서 그의 이웃들에게 물었다. "골프 치는 법 배우고 싶은 분 안 계세요?" 거기 모여 있던 100여 명 가운데 용감한 사람 몇이 앞으로 나왔고, 개중에는 노인도 있었다. 그는 80세가량으로 정장을 차려입고 붉은색의 십자가가 새겨진 모자를 쓰고 있었다.

그들은 내가 헛스윙하는 걸 지켜보았다. 버나드는 껄껄 웃었고 톰은 배꼽을 잡았다. 톰이 나서서 3번 우드로 단번에 필드의 맨 끝까지 공을 날려버렸다. 모여 있던 사람들 사이에서 '헉' 하는 탄성이 흘러나왔다. 다음엔 노인이 나서서 그가 써본 적은커녕 본 적조차 없는 골프채 하나를 손에 쥐더니 티 위에 올려놓은 골프공을 맞추려고 빠르고 격렬하게 휘둘렀다. 골프채는 허공을 갈랐지만, 모두들 찍소리도 내지 않았다. 그런 뒤 3초도 안 되어, 노인은 마치 큰 낫으로 들판을 베어내듯 다시 스윙했고, 스위트스폿^{sweet spot}(많은 힘을 들이지 않고도 원하는 방향으로 공을 멀리 빠르게 날아가게 하는 최적의 타격점-옮긴이)을 맞은 공은 슬라이스^{slice}(공이 왼쪽에서 오른쪽으로 휘어져나가는 샷-옮긴이)의 기미를 보였지만 약 150미터를 날았다. 모두에게서 박수갈채가 쏟아졌다. 그런 다음 한 사람씩 앞으로 나섰고, 첫 번째 스윙을 놓치더라도 두 번째에는 공을 강타했다. 어떤 사람은 공을 200미터 넘게 날리기도 했다.

이는 거울뉴런계의 작동을 보여주는 일례였다. 이듬해 내가 그 마을에 들러보니, 주민들은 마치 자기네 나름의 골프 협회라도 세운 듯싶었다.

거울뉴런계를 활용하면 인간이 연습도 없이 복잡한 과제를 재빨리 습득하는 이유를 설명할 수 있다. 그렇다면 유사한 회로, 즉 거울뉴런계와 상호작용하는 회로가 공감도 유발하는 걸까? 비록 누구도 그러한 회로를 상세하게 알지 못하지만, 공감(또는 공감의 결핍)에 작용하는 것으로 보이는 요소를 조명하는 실험실 환경에서 일관된 뇌 영역의 집합이 활성화된다는 것이 몇몇 영상 연구를 통해 나타났다.

시카고대학교 장 데세티^{Jean Decety}, 오타와대학교 옌 판^{Yan Fan}, 하

이델베르크대학교 크누트 슈넬Knut Schnell은 모두 다 fMRI로 공감의 요소들을 조사했다. 우리가 다른 사람의 얼굴에서 기쁘거나 슬프거나 화난 표정을 보면, 우리의 뇌에서도 그러한 감정을 담당하는 부위들에 불이 들어온다. 인지 회로인 거울뉴런계를 기본으로, 거울계에 연결되어 있지만 감정을 처리하는 영역들을 덧붙임으로써 공감의 기저를 이루는 광범위한 회로를 그려볼 수 있다. 이 추가 영역에 포함되는 것이 섬엽 그리고 전내측두엽anterior-medial temporal lobe과 편도체다. 섬엽은 전두피질, 측두피질, 두정피질의 바깥쪽 시야로부터 '격리된insulated' 피질의 한 영역이지만 그 모든 피질과 연결되어 있고, 감정을 매개하는 전내측두엽과 편도체도 뇌 측면도에서는 보이지 않는 영역이다.

이 부위들은 안와피질 및 하전두피질inferior frontal cortex과 연결된다. 거울뉴런계를 이루는 세 영역이 그림 7A에 표시되어 있다. 이어서 이 영역들은 뇌의 안쪽 깊은 곳에 있는 쾌락주의, 쾌감, 스트레스, 통증의 영역들과 연결되어 그것들을 조절하는데, 그 영역들은 바소프레신계와 옥시토신계 호르몬은 물론 세로토닌, 도파민, 테스토스테론, CRH, 엔도르핀 수용체 등으로 흠뻑 젖어 있다.

호르몬과 신경전달물질계들도 공감에서 중요한 기능을 한다. 레딩대학교와 케임브리지대학교의 사이먼 배런코언, 클레어몬트

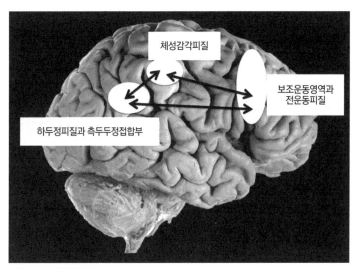

그림 7A | 거울뉴런계

대학원대학교의 폴 자크, UC버클리의 사리나 로드리게스는 이 공감 관련 신경화학물질을 처리하는 유전자의 대립유전자가 중요함을 입증했다. 이 대립유전자들이 영향을 미치는 감정에는 공포, 거부감, 이별의 아픔, 시기, 질투, 이기심, 남의 불행에 대한 쾌감이 포함되고, 이 스펙트럼의 긍정적 극단에는 동정, 연민, 가족과 부족에 대한 연대감, 관용, 신뢰, 이타심(만일 그런 것이 있다면), 연애감정, 국가와 인류와 신에 대한 사랑이 있다.

감정적 공감을 처리하는 영역들의 뇌 활동을 비교하려면 그림

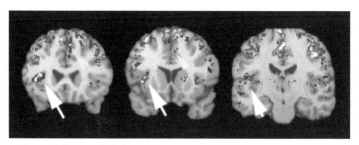

그림 7B ㅣ 나의 PET 스캔 사진

7B를 참조하라. 내 PET 스캔 사진에서 뽑은 이 세 장면에서, 섬엽
부위에 매우 저조한 활동과 매우 활발한 활동이 섞여 있음을 흰색
화살표 끝에서 확인할 수 있다. 흑백 사진으로는 쉽게 구분할 수
없지만, 음영을 넣어 알아볼 수 있게 했다. 공감에 관련되는 또 다
른 영역인 전대상피질도 내 뇌에서는 활동이 저조했다. 한편 위쪽
에 있는 피질의 활동은 다른 사람들과 비교해 상당히 활발했다. 이
는 차가운 인지와 연관이 있을 것이다.

ㅣ 사이코패스도 사랑을 할 수 있지만

우리가 공감이라 부르는 것에 이렇게 많은 뇌 영역과 유전자가 연관됨을 알면, 공감이라는 말의 의미가 그토록 애매했던 게 그다지 놀라운 일은 아닐 성싶다. 우리는 대개 공감의 부재를 사이코패시와 연관 짓는다. 사이코패스는 사람들을 냉담하게, 거의 무감각하게 다루기 때문이다. 하지만 많은 사이코패스는 어떤 대상이나 사람에 애정을 갖고 있다. 사이코패스 살인마조차도 자신의 부모와 형제를 사랑할 수 있다. 영화 〈양들의 침묵〉에 나오는 버펄로 빌을 생각해보라. 그는 죄 없는 여자들을 한순간의 망설임도 없이 죽이지만, 자신의 푸들이 위험에 빠지자 눈에 띄게 초조해한다. 하지만 바로 그런 사이코패스들이 나머지 사회 전부를 증오하며 폭력적으로든 비폭력적으로든 복수에 나설 수 있다.

자신의 아버지가 주식투자에 가산을 모두 탕진했다면, 사이코패스는 금융기관에 분노를 돌림으로써 세상에 가혹하게 복수할 것이다. 사이코패시 테러리스트나 독재자는 자신의 가족, 종족, 국가, 인종, 종교에 대한 공격을 지각하면 그에 대해 복수하려 들 것이다. 가장 폭력적인 테러리스트, 외톨이 살인자, 독재자는 자신의 집단에게는 공감하지만 타인의 삶과 안녕에는 전혀 관심이 없다.

공감의 유형은 이처럼 개인 대 집단이라는 틀로 나눠볼 수도 있지만(이 장 앞에서 이야기한 공감 대 동정이라는 이분법과도 연관된다), 다른 방식으로 구분해볼 수도 있다. 바로 감정적 공감과 '마음이론'으로 알려져 있는 인지적 공감을 구분하는 것이다. 마음이론은 아동기 전반에 생겨나서 성인기까지 점차 발달하며, 아이들이 자신에게 욕구와 의도와 믿음 같은 정신 상태가 있음을 그리고 남들에게도 비슷한 심리가 있음을 깨닫는 주요한 발달적 이행 단계다. 자폐스펙트럼장애를 앓는 사람은 정상적인 마음이론을 보이지 않을 것이다. 경계선인격장애borderline personality disorder와 같은 일부 인격장애와 특정한 형태의 양극성장애가 있는 사람들도 마찬가지일 것이다. 반면에 사이코패시, 자기애성인격장애, 특정한 유형의 조현병이 있는 사람들은 인지적 공감은 가능하되 감정적 공감은 불가능할 것이다. 이 두 유형의 공감 상실은 전전두피질의 아래쪽, 즉 복측 절반 중에서도 서로 다른 부분의 기능부전과 연관된다.

매사추세츠공과대학교의 레베카 색스Rebecca Saxe는 최근에 마음이론이 부분적으로는 비우성반구 중에서도 측두엽이 두정엽과 접하고 있는 이른바 측두두정접합부temporo-parietal junction, 즉 거울뉴런계의 한 접속점에 집중되어 있음을 보여주었다. 이 접속점은 타인의 의도, 도덕, 윤리에 대한 지각을 처리하는 회로의 주요 지점으로, 자기 자신의 의도, 도덕, 윤리를 처리하는 전두엽 안와피질의 동반자다. 그리고 피질의 앞과 뒤에 위치하는 이 두 영역이 서로 연결되어 황금률의 신경해부학적 회로를 형성하는지도 모른다.

한 가지 핵심 질문은 이러하다. 공감 능력이 있는지 없는지를 어떻게 알 수 있을까? 당신에게 공감 능력이 없다면, 당신은 그 사실을 모를 가능성이 다분하다. '공감'이 무엇인지를 아예 모르기 때문이다. 그렇지만 이 질문은 날 때부터 시각장애가 있는 사람에게 파란색이 어떻게 보이느냐고 묻는 것과는 좀 다르다. 그보다는 청색맹靑色盲인 사람에게 파란색이 어떻게 보이느냐고 묻는 것과 비슷하다. 그는 파란 것들을 볼 수 있고, 파란색 사물이 초록색 사물과 비슷해 보이겠지만, 파란색 그 자체에 대해서는 모른다. 내가 연쇄살인마와의 인터뷰들을 살펴본 바로는, 그들 가운데 다수가 자신에게 유대감이 없음을 자각하지 못했다. 그렇다면 전문가의 평가 없이 감정적 색맹을 자각할 수 있는 방법은 없을까?

60년 넘는 세월 동안, 나는 나에게 공감 능력이 부족하다고 생각해본 적이 한 번도 없었다. 멋진 가정을 비롯해 각계각층의 친구들과 우호적인 지인 및 동료들이 있었는데, 내가 뭣 때문에 나의 공감하는 능력에 의문을 가졌겠는가? 무엇보다 누가 감정적 유대감도 없는 사람과 가까이 지내고 싶겠는가?

나의 뇌 스캔 사진에서 특이한 점을 발견하기 전에는, 하물며 그 뒤로 몇 년 동안까지 부정적 지적들을 듣고도 내 인격에 관해 재

고해보지 않았다. 1990년에는 동료와 중요한 발표를 해야 했지만, 그를 버리고 술집에 갔다. 예쁜 아가씨 몇이 그리로 올 걸 알았기 때문이다. 발끈한 동료는 나에게 "그런 짓을 하다니 넌 정말 소시오패스야"라고 말했다. 또 한번은 마이애미에서 어떤 아가씨들과 마주친 김에 발표를 빼먹고 쿠바 밴드의 멋진 연주를 들었다. 내 공동연구자가 "넌 사이코패스야. 어떻게 그럴 수가 있어?"라고 하기에 나는 그에게 내 차가 고장 났다고 했다. 나도 그게 옳지 않은 줄은 알지만, 아무도 다치지 않은 터라 내 눈에는 대수롭지 않게 보였다.

사람들은 흔히 '미쳤다'라거나 '사이코패스다'라는 말을 쓰지만 문자 그대로의 의미로 말하지는 않는다. 그렇지만 나는 그 말의 의미를 생각해봤어야 했다. 내 친구들은 기분장애와 뇌장애를 연구하는 사람들인 만큼, 단순히 열 받았다고 해서 전문용어를 그토록 서슴없이 남발하지는 않았을 거라는 말이다.

나는 1~2년 동안 나의 뇌 스캔 사진을 숙고한 뒤 서서히 이 말들을 재고하기 시작했다. 그리고 처음으로 나의 친구와 가족과 동료들이 내게 하고 싶은 말이 무엇이었는지를 생각해보았다.

나는 내가 사람들과 감정적으로 연결되어 있지 않음을, 또 나의 행동이 그들에게 어떤 영향을 미치는지 이해하지 못한다는 사실을 깨달았다. 나는 상황을 냉담하게 지켜본 다음, 결과를 보고서야 내가 무슨 짓을 하고 있는지를 인지적으로 이해할 수 있었다. 그러고 나서 깨달은 것은, 내가 장난으로 사람들을 괴롭히는 일이 실제로 그들에게 상처를 줄 수 있으며, 그들의 얼굴에서 그들이 정말로 상처 받았다는 신호를 끊임없이 읽고 있었다는 사실이다. 나는 단지 나 자신의 계발을 위해서나 즐거움을 위해, 가까운 사람들을 위험한 길로 몰아넣고 있었던 것이다. 공감이 정확히 무엇인지는 아직 모른다. 하지만 이제 나도 사람들이 어떤 식으로 서로를 위해 길을 비켜주는지, 얼마나 많이 우는지 살펴볼 수 있게 됐다. 그리고 내가 정말로 대부분의 사람들과 다르다는 점을 알게 됐다.

조짐을 보여주는 사건은 많았다. 1968년, 나는 유명한 윈터 카니발을 보러 한겨울에 퀘벡시로 놀러 가는 도중에 차량에 의한 살인사건을 목격했다. 내가 벌링턴을 출발해 눈보라 속에서 운전하고 있는데, 차 두 대가 속력을 내며 나를 추월하더니 한 대는 길을 따라 밤의 어둠 속으로 사라졌고, 다른 한 대는 도로를 벗어나 도랑에 빠지면서 시속 110킬로미터쯤으로 나무를 정면으로 들이박았다. 나는 차에서 튀어나와 언덕을 달려 내려갔고 박살 난 창문을 통해 기어 들어가 운전석에서 단말마의 고통에 몸부림치는 노신사의 얼굴을 내려다봤다. 노신사는 가슴이 짓이겨져 있었고, 나는 그가 피를 내 얼굴로 뿜어내는 20분 동안 쉬지 않고 구강 대 구강 인공호흡으로 그를 되살리려 했다. 마침내 도착한 경찰들이 내 다리를 잡아 나를 차에서 끌어냈고, 그를 되살리는 데 너무나 몰입해 있던 나는 미친 듯이 화를 냈다. 경찰서에서 증언을 한 뒤, 나는 과장되게 그 노신사의 피투성이 틀니를 경찰의 책상 위에 내동댕이치는 것으로 상황을 끝냈다. 하지만 나는 1분도 안 되어 더는 그 사건을 눈곱만치도 개의치 않고 퀘벡시로 가서는 마음껏 먹고 마시며 놀았다. 어쩌다가 동창들에게 그런 일이 있었다고 말을 꺼냈을 뿐이다. 사실 나는 그 죽은 남자에게 정말로 관심이 있던 게 아니라, 모험을 즐긴다는 생각으로 흥분했던 것이다.

나는 옆에 있는 사람들이 비극적이거나 슬픈 사건으로 울고 있더라도 내가 눈물도 흘리지 않고 심장박동도 흔들리지 않음을 알고 있었다. 내가 존 F. 케네디가 총에 맞은 때를 기억하는 이유는 내 주위 사람들이 동요했기 때문이고, 나는 사건의 경위에 더 관심이 있었다. 나이로비대학교에서 일하던 어느 날은 시체보관소로 걸어 들어갔는데, 철제 시체 안치대 위에 흰색 드레스 차림의 여자아이가 눕혀져 있었다. 나는 그 아이를 보고 유족들에게 한마디 했다. "드레스가 멋지네요." 죽은 소녀가 아니라 드레스에 주목한 게 당시에는 아무렇지 않았지만, 지금 생각해보면 기묘하게 다가온다. 난 나 자신의 고통도 별것 아니게 생각한다. 대학생일 때, 팔에 유리 조각이 박혀 손목부터 팔꿈치까지 벌어진 적이 있었지만, 나는 해부학자의 눈으로 힘줄들을 태연히 바라보았다. 이러한 사건들을 통해 나의 감정적 반응 또는 무반응 모두에 이상한 뭔가가 있음을 알아차렸어야 했다. 하지만 나의 뇌가 정상이 아니라는 걸 내가 무슨 수로 알아차리겠는가?

나는 남들의 느낌에 무관심한 터라, 필요하다면 주저 없이 무슨 짓이든 해 경쟁에서 이기거나 누군가를 설득해 내가 원하는 일을 그가 하게끔 한다. 나는 아이들이 어릴 때조차도 결코 게임에서 나를 이기게 해주지 않았는데, 아이들이 성장한 지금은 녀석들이 나를 게임에서 특히 스크래블에서 무자비하게 때려눕힌다. 짐작할지 모르지만, 나는 진 것을 깨끗이 인정하지 못하는 사람이다. 스크래블을 할 때는 사람들을 현혹하고 거짓말을 해서 그들을 함정에 빠뜨린다. 나는 내가 부정행위를 한다고 생각하지 않는다. 부정행위는 재미가 없다. 교묘하게 조종하는 편이 훨씬 더 재미있다(이는 사이코패스의 중요한 특성이다). 나는 정정당당하게 승리하려 하지만 사람들을 물고 늘어지기는 마찬가지다. 나는 내 아이들에게 게임은 무자비하게 해야 한다고, 승리가 전부라고 가르쳤다. 나는 무조건 이겨야 한다. 그것이 자기애고, 자아고, 순수한 경쟁력이니까. 이런 성향은 어느 정도 우리 가계를 타고 흐르는 전사유전자 덕분이다.

다행스럽게도 내가 주위 사람들에게 악의를 품는 경우는 거의 없다. 다시 말해 나는 남을 해치는 데서 기쁨을 얻지는 않는다. 나는 단순히 나 자신의 목표를 추구하는 동안 어쩌다 누군가를 해쳐도 크게 유감으로 느끼지 않을 뿐이다. 나는 누군가를 솜씨 좋게 웃음거리로 만드는 장난을 끔찍이 좋아하고, 그때마다 내가 뜻하지 않게 다른 사람의 감정을 해쳤거나 누군가를 당황시켰다는 걸 알아차린다. 하지만 그렇다고 그다지 신경을 쓰진 않는다.

나는 또 상대의 신뢰를 얻으려 거짓말을 하는 걸로도 유명했다. 거짓말은 게임을 나한테 유리하게 이끄는 내 페르소나의 일부이자, 인생이 따분하지 않게끔 삶에 대처하는 한 방법에 불과하다. 내가 하는 거짓말은 대부분 정보를 빠뜨리는 것일 뿐, 없는 정보를 보태는 건 아니다. 이를테면 누가 나에게 직업을 물을 때 나는 한때 바텐더 겸 트럭 운전사였지만 지금은 반쯤 은퇴했다고 말할지도 모른다. 엄밀하게 따지면 사실이지만 그 목적은 단지 상대에게 트럭 운전사치고는 똑똑한 사람이라는 인상을 주는 것일 수 있다.

이는 일부 사이코패스들에게 해당되는 얘기지만, 그들은 모두 다르다. 나쁜 가정에서 태어난 사이코패스가 상식을 뛰어넘는 일을 저지르는 이유는 아버지가 그를 두들겨 패기 때문이다. 그러면 아이는 무감각해진다. 그렇게 성장한 사이코패스를 자극하려면 많은 게 필요하다. 마약 중독자와 마찬가지로, 그들은 점점 더 자극적인 행동을 해야 쾌감을 얻고 점점 더 극단적인 경험을 해야 뭐라도 느낀다. 이는 연애를 통해 긍정적으로 표출될 수도 있지만, 그가 학대를 당했다면 반사회적 행동으로 표출될 수도 있다. 성적 학대로 성과 폭력에 관련된 뇌의 배선이 잘못된 사람은 강간을 저지를 수도 있다. 이 부분은 연구가 잘 이루어져 있지 않다.

내가 사람들을 조종하는 것은 대개 쾌락과 관계 있다. 나는 언제나 짜릿함이나 즐거운 시간을 추구하고, 약간의 쾌감을 얻기 위해 남들을 곤경에 빠뜨리는 걸로 유명했다.

| 목숨을 건 모험

1990년, 나는 마침내 안식휴가를 얻었다. 생의학을 연구하는 과학자들은 보통 안식휴가를 쓰지 않는다. 연구의 흐름이 끊기고 연구실 학생들의 훈련이 중단될 수 있기 때문이다. 하지만 내 아이들이 머지않아 대학으로 떠날 터였기에, 앞으로는 다 같이 여행을 떠날 수 없을 상황이었다. 내가 UC 어바인과 반대편으로 여행을 가고 싶어한지라, 우리는 지구의를 돌려 행선지를 골랐고 동아프리카가 당첨되었다. 나는 시니어 리서치 풀브라이트 장학금을 신청했고, 나이로비와 세렝게티로 떠났다. 가족들은 나와 함께 거기서 6주를 보내고 캘리포니아로 돌아갔다. 나는 나이로비대학교에 있는 동안 치명적인 출혈성 에볼라 바이러스 Ebola virus 와 마르부르크 바이러스 Marburg virus 그리고 HIV/AIDS의 기원에 대해 알게 되었다.

안식년의 첫해에, 나이로비 병원의 두 의사가 나에게 어떤 남자에 관해 얘기해주었다. 그는 1989년에 온몸에서 피를 흘리며 외딴 산지에서 실려 왔는데 일주일이 못 되어 사망했다. 그는 우간다 국경 근처 케냐의 서부 엘곤산에 있는 키툼 동굴에 갔던 것으로 판명되었다. 나는 그 동굴을 알고 있었다. 수천 년 동안 코끼리들이 벽을 긁어내어 성장에 필요한 소금과 여러 무기질을 얻어온 동굴이었다. 키툼 동굴은 내가 늘 가보고 싶던 장소였지만, 죽은 남자 이야기는 나에게 경고로 받아들여졌다. 그 남자가 걸린 병은 마르부르크 출혈열 Marburg hemorrhagic fever 이었고, 병의 원인인 마르부르크 바이러스는 에볼라 바이러스의 사촌쯤이다.

그해 12월 동생 톰이 찾아왔을 때, 우리는 케냐의 서부와 북부로 여행을 갔다. 나는 마침내 키툼 동굴을 방문하기로 결심했다.

톰에게는 환자 이야기를 쏙 빼놓은 채 코끼리 얘기만 들려주었다. 우리는 엘곤산국립공원 입구에 도착했는데 황량해 보이는 곳이었다. 톰이 공원 경비대 막사로 뛰어 들어갔고, 경비대원은 톰에게 우간다 반군의 활동이 활발해진 뒤로 공원에는 거의 1년 동안 방문자가 없었다고 했다. 나에게 그 말은 산 전체에 인간이라곤 없으니 우리가 다양한 경험을 할 수 있다는 뜻이었다. 우리는 어떤 위험도 두려워하지 않고 계속 나아갔다.

우리는 야영을 할 수 있는 유일한 장소에 다다랐다. 나는 톰에게 '여기가 바로 그 불운한 남자가 죽기 바로 몇 주 전에 머무른 공터야'라고 말하고 싶지 않았다. 톰과 나는 장작을 모아 엄청나게 쌓아 올렸고 해 질 무렵 불을 붙였다.

적도의 밤은 도끼를 내리찍듯이 찾아든다. 일몰이 시작된 지 10분도 안 되어, 하이에나들이 밴시banshee (가족 중 누군가가 곧 죽게 될 것임을 구슬픈 울음소리로 알려준다는 유령-옮긴이)처럼 울부짖으며 활동에 들어갔다. 한 시간도 안 되어, 우리는 200미터쯤 밖에서 코끼리들이 먹이를 찾아다니며 쿵쿵거리는 소리를 들었다. 밤 열한 시쯤 되자, 사자 두 마리의 으르렁거림과 하이에나의 오싹한 울부짖음을 들을 수 있었다. 우리는 짐승들을 얼른 쫓아내야겠다고 결심했고, 그래서 타오르는 큰 가지들을 손에 쥐고 청승맞게 울부짖으면서 마구 흔들어댔다. 영화 〈불을 찾아서 Quest for Fire〉에 나오는 한 장면 같았는데, 놀랍게도 효과가 있었다. 숲이 조용해지자 우리는 담요를 몸에 두르고 불 옆에 몸을 웅크렸다.

숲은 한 시간 뒤 다시 살아났다. 모든 사자, 하이에나, 표범이 우리와 우리의 불을 자신들의 공터에서 내쫓으려고 노력하는 듯했다. 동물들이 가까이 다가올수록, 톰과 나는 불에 다가갔다. 나는 나이도 많고 몸집도 크지만 불에 가까운 안쪽 위치를 차지했다. 나는 아내와 아이들이 있으니까, 사자나 표범이나 하이에나가 나보다 너를 먼저 덮치도록 하는 편이 나을 거라는 논리로 톰을 이해시키려 했다. 이튿날 아침이 밝아오자, 우리는 완전히 녹초가 되어 있었다.

톰과 나는 일어나 남은 불에 커피를 끓인 다음 공터를 살펴보았다. 그리고 5대 맹수 big five game(코끼리, 사자, 표범, 코뿔소, 물소를 가리킨다-옮긴이) 중 세 동물이 그날 밤 정말로 우리를 찾아왔다는 사실을 알게 되었다. 차를 몰고 키툼 동굴로 가다 보니, 밤사이 코끼리 떼에 짓밟힌 나무들이 눈에 띄었다. 동굴 입구에 다다른 순간, 우리는 코를 찌르는 야생동물의 배설물 냄새에 쓰러질 뻔했다. 적어도 십여 종류의 포유류가 동굴 입구에 남긴 수천 개 발자국과 흔적들이 보였다. 걸어 들어가는 동안 폭포수의 미세한 물보라가 우리를 흠뻑 적셨다. 어젯밤엔 코끼리들에게 쏟아졌을 물보라였다. 동굴로 깊이 들어갈수록 코끼리 떼가 소금과 무기질을 얻으려고 엄니로 긁어내 금이 간 자국들을 볼 수 있었다. 햇빛이 비치는 마지막 구역으로 들어서자, 침침한 동굴 빛에 발을 헛디뎠던 코끼리의 해골이 깊은 틈 안에 뒤틀려 있었다. 그리고 거기서 그들의 소리를 들었다. 그들이 우리에게 다가오자, 소음은 귀청이 터질 듯 날카로운 불협화음이 되고 미친 듯 파닥거리는 무수한 날개가 되었다. 우리 주위는 몇 초 만에 온통 그들로 채워졌다. 이집트과일박쥐 수천 마리를 우리가 건드린 것이다. 우리는 서둘러 거기서 벗어나기로 작정하고는 동굴에서 최대한 멀리 달아나 투르카나호수로 갔다. 그리고 케냐의 쿠비포라 유적지에 있는 인류 화석을 보려 북쪽으로 향했다.

| 빌 클린턴은 사이코패스다

2년 뒤, 캘리포니아 오렌지카운티로 돌아온 나는 톰에게서 전화를 받았다. 누가 동생에게 리처드 프레스턴 Richard Preston이 쓴 《뉴요커 New Yorker》 기사 〈핫 존의 위기 Crises in the Hot Zone〉와 1994년 출간된

《핫 존The Hot Zone》(나중에 더스틴 호프만 주연의 영화 〈아웃브레이크Outbreak〉로 각색된)을 준 것이다. 동생은 격노했다. 내가 의도적으로 자기를 데려다 야영지에서 동굴까지, 어떤 남자가 마르부르크 바이러스에 걸려 죽었던 발자취를 밟게 했다는 사실을 깨달았기 때문이다. 톰은 이렇게 말했다. "굉장한 경험이었어. 하지만 형이 날 그곳에 데려간 건 용서할 수 없어."

내가 가까운 사람들의 생명을 위태롭게 한 건 그때가 처음도 마지막도 아니다. 이것이 소시오패스의 행동 패턴이냐 아니냐는 늦은 밤 거실 벽난로 앞에 둘러 앉아 가족회의를 할 때 관심거리로 삼을 만하다. 누군가는 단지 한 모험가가 자신이 좋아하는 여행을 함께 가려고 했던 거라고 생각할 수 있다. 하지만 나의 꾐에 빠져 심각한 위험에 대해서는 전혀 모른 채 따라온 사람들에게 이 행동은 단순히 어느 모험가의 놀이로 치부할 수 없는 문제였다.

나에게도 일말의 공감 능력은 있지만, 나는 가족이건 생면부지의 남남이건 상관없이 모든 사람을 똑같이 취급하는 경향이 있다. 가령 2장에서 말한 술집 싸움에서 나는 내 친구를 끌어냈다. 나는 상대가 도망치는 내 친구를 두들겨 패는 것도 불공평하고, 내 친구가 그를 두들겨 패도록 내가 상대를 제압하는 것도 불공평하다고 생각했다. 친구들이 나에게 신의가 없다고 생각하는 이유는 기쁠

때도 슬플 때도 자신들 곁을 지키지 않기 때문이지만, 나는 공평할 뿐이라고 생각한다. 한편 나의 가족은 언제나 내가 자기들에게 더 관심을 보이고 먼저 연락하며 더 주의를 기울여주기를 바란다. 가까운 사람들은 자신들이 특별하게 대접받기를 바라는 만큼, 유대감을 진심으로 전달할 줄 모른다는 건 그러한 관계를 위해서는 큰 문제일 수 있다.

나의 교우관계는 대부분의 경우보다 덜 순수하다. 많은 사람이 내가 매우 희생적이라고, 실제로 사람들을 위해 도움 되는 일을 많이 한다고 말하겠지만, 그 동기는 그렇게 해야 내가 나중에 그들에게 아쉬운 소리를 할 수 있기 때문이다. 나는 내가 도와준 적이 있는 바쁘고 유명한 사람들에게 전화를 걸어 "부탁 좀 들어줄래?"라고 말할 수 있고, 그들이 지체 없이 내 부탁을 들어주는 이유는 내가 오랜 세월에 걸쳐 이러한 관계를 구축해둔 덕분이다. 사람들은 그것을 훌륭한 습관이라고 말하겠지만, 문제는 내가 사람들에게 관심은 전혀 없으면서 그렇게 한다는 사실이다. 나는 마피아 두목과도 같다. 오래전 영화 〈대부 The Godfather〉를 보았는데, 그 영화의 주인공은 나와 소름끼칠 정도로 닮았다. 사람들은 내가 일을 잘한다고 말한다. 그중에서 자신이 이용당하거나 무시당했다고 느끼는 사람도 없다. 그것이 진짜 우정이 아닐지라도.

사람들을 조종하려면 으르렁거리면 안 된다. 지독하게 달콤해져야 한다. 나는 나의 성격과 매력을 이용할 줄 안다. 나는 일찍부터 나의 친구와 형제들이 허구한 날 싸움하는 걸 보아왔지만, 그들은 결코 원하는 걸 얻지 못했다. 그들은 멍청하고, 촌스럽고, 상스러웠다. 나는 폭력을 쓰지 않고 사람들을 조종하는 편이 훨씬 재미있다.

내 친구들은 "나도 네가 당장은 날 이용하고 있는 줄 알지만, 상관없어"라고 말해왔다. 그들은 내가 재미있는 놈이라고 생각하는 만큼, 그쯤은 견뎌줄 것이다. 하지만 어떤 이는 이런 관계를 좋아하지 않는다. 그들은 진정한 관계를 원한다. 예를 들어 나의 아내는 제대로 된 결혼을 원했다.

2002년에는 아내 다이앤이 비호지킨림프종non-Hodgkin's lymphoma 진단을 받았다. 다이앤은 자신이 죽을 게 틀림없다고 생각했고, 화학요법을 받으며 때때로 죽고 싶어했다. 나는 열심히 다이앤에게 녹차를 끓여주었고, 그것이 화학요법의 부작용을 완화해주었다. 다이앤은 내게 고마워했다. 하지만 2008년에 나는 연달아 바람을 피웠고, 결국 다이앤에게 깊은 상처를 입혔다. 다이앤은 나에게 실망했다고 말했지만, 나는 그 말을 무시해버렸다. 지금은 나의 행동이 다이앤을 얼마나 아프게 했는지 잘 알고 있다.

나는 '공감을 하는 것처럼' 가장할 줄 안다. 나는 남의 이야기를 잘 들어주고 사람들이 어떻게 지내는지 듣는 일 또한 좋아한다. 하지만 내가 이렇게 하는 이유는 내가 그들 속으로 들어가는 길을 탐색하는 중이기 때문이다. 술집과 경마장은 훌륭한 사교장이다. 나는 그곳에 가서 사람들과 잡담을 하더라도 내가 교수라는 말은 하지 않을 것이다. 나는 마음을 활짝 열고 그들의 말을 주의 깊게 듣겠지만, 언제나 마음 뒤편에서는 이렇게 생각할 것이다. '어떻게 하면 이 사람들과 같이 놀 수 있을까?' '어떻게 하면 이 여자와 섹스를 할 수 있을까?' '어떻게 하면 이 남자에게 투자를 받을 수 있을까?' 접근에 성공하려면 공감이 필요하다. 하지만 그건 인지적 공감, 즉 마음이론일 뿐이다.

내가 얻어낸 정보를 항상 사용하는 건 아니다. 나는 사람들이 나에게 완전히 마음을 열고 무방비 상태가 되는 순간을 즐길 뿐이다. 그들이 나를 안 지 몇 분밖에 되지 않았을 때 특히 그렇다. 나는 그들에게 실제로 문제가 있다면 도우려 할 것이다. 하지만 진짜 동기는 그들을 내 손아귀에 쥐는 것이다. 사람들은 나에게 실험대상이다. 나는 사람들과 이야기하는 게 재미있지만, 정말로 그들에게 관심이 있어서는 아니다.

사람들은 술자리에서 마음을 열 가능성이 높다. 나는 그래서 내가 술을 그토록 좋아한다고 생각한다. 술을 마시고 있을 때는 유대감을 느끼고 그 느낌이 좋기도 하지만, 술이 좋은 가장 큰 이유는 내가 사람들을 장악하기를 좋아하기 때문이다. 다만 나는 행동하지 않을 뿐이다. 그럴 필요가 없기 때문이다. 살아오는 동안 이미 충분히 장악해왔으니까. 그렇지 않았다면 나는 지금 나쁜 놈이 되어 있을지도 모른다. 게다가 나에게는 가족, 친구, 연구, 사업, 방송 출연 등 다른 일들이 너무도 많아 더 이상 나아갈 필요가 없다. 아마도 어떤 남자는 여자를 차에 태워서 집으로 데려가야 하겠지만, 나한테는 어떤 어린 여자가 "당신, 지금 그거 하고 싶어요?"라는 말만 하면 충분하다. 섹스는 나에게 중요한 것이 아니기 때문이다. 나는 굉장한 바람둥이고, 다이앤도 그걸 알고 있다. 여자들이 나에게 어떻게 반응하는지를 다이앤도 알기 때문이다. 온갖 여자들이 나를 둘러싸면 나는 그들에게 귀를 기울인다. 그들의 남자 친구나 남편은 그들의 말을 들어주지 않으니, 전략을 아는 나는 들어주는 것이다. 그렇지만 나는 그런 상황을 이용해서 상식적으로 사이코패시와 연관시킬 만한 이득을 취하지는 않는다. 사이코패시를 가장 어두운 끝까지 끌고 가지는 않는다는 말이다.

그 덕분에 나는 자칭 '친사회적' 사이코패스가 된다. 나의 수호성인은 빌 Bill '나도 당신의 고통을 느낍니다 I feel your pain' 클린턴 Clinton (빌 클린턴 대통령이 1992년 대통령 선거운동 당시에 어느 에이즈 활동가에게 했던 유명한 말을 빌 클린턴의 중간 이름처럼 집어넣어 풍자하고 있다. 이 말은 상대방과 감정을 공유하는 클린턴의 특성으로 받아들여지면서 사람들이 자주 써먹는 유명한 어구가 되기도 했다–옮긴이)인지도 모른다. 물론 내가 클린턴을 사이코패스로 진단할 수는 없지만, 그는 몇 가지 주요한 특성을 가진 듯 보이고 아마도 PCL-R을 기준으로 한다면 최소한 15점은 될 것이다. 대학생 나이의 여자 직원과 성관계를 갖는 것은 도덕적으로 비난을 받긴 하지만 흔한 일이고, 불륜 관계를 부인하는 것은 많은 남자가 하는 행동이다. 사이코패스라고 판단하기 어려운 부분인 것이다. 하지만 그의 여러 특이한 모습을 보면 그의 본성을 알 수 있다. 블로거 존 크레이그 John Craig가 지적하듯, 클린턴은 군대를 향해 무게 잡고 거수경례를 하는 등 흉내 내는 재주가 일품이었고(빌 클린턴은 군 경력이 없고 징집 기피 의혹을 받기도 했다–옮긴이), 갈채를 받을 때는 겸손을 가장했으며, 장례식에서는 적당히 침울해 보이는가 싶더니 다음 순간 엄청난 슬픔을 연기했다. 눈물을 참으면서 말이다. 사이코패스가 아닌 사람도 이야기를 꾸며내지만, 진짜 사이코패스의 특성을 가진 사람만이 그토록 큰 판돈을 걸어놓고 고난도 연기를 반복적으로 할 수 있다. 클린턴의 고문이었던 딕 모리스 Dick Morris는 자신의 친구에게 공감 능력이라곤 없었다고 말하며 "힐러리도 빌을 사랑하고, 빌도 빌을 사랑한다. 둘에게 뭔가 공통점이 있다면 그것이다"라고 덧붙였다. 빌 클린턴은 나와 같은 종류의 사나이다.

성자와 위선

나는 내가 아는 다양한 사람들 그리고 방금 만난 사람들의 뇌 회로와 유전자를 추측하는 일을 좋아한다. 그들의 인격과 다양한 인지적·감정적 특성과 미묘한 말들에서 힌트를 얻어, 그들만의 신경기관이 어떻게 작동할지 짐작해본다. 나는 종종 반대 방향의 추측도 요청받는다. 뇌를 보고 인격과 병을 알아내는 것이다. 나는 알츠하이머병, 조현병, 우울증, 사이코패스를 잘 찾아낸다. 나는 이 일을 하면서 경마장에서 승자를 예상해 맞출 때 느끼는 것 같은 쾌감을 얻는다. 나는 이런 종류의 게임들을 가장 좋아한다.

2010년에는 리버테리언들을 만드는 독특한 신경회로와 유전자를 예측해달라는 부탁을 받았다. 이 질문은 리즌티비Reason TV의 어느 프로그램을 찍는 동안 나에게 주어졌다.《리즌Reason》지는 자유의지론을 알린다는 기치를 내건 출판물인데, 내가 리버테리언이라는 말을 들은 그들이 사이코패스, 자유의지, 공공정책, 개인의 자유를 주제로 나와 인터뷰를 하면서 그런 질문을 슬쩍 끼워 넣은 것이다. 나는 상투적으로 "아무도 이런 식으로 리버테리언을 연구한 적이 없어서 나도 모른다"라고 말한 뒤 내가 그토록 좋아하는 사고 실험 thought experiment 을 즐겼다.

내가 짐작하건대, 리버테리언의 뇌에서는 위쪽, 즉 배측의 피질 영역들이 비리버테리언의 경우보다 더 활발하게 작동하고 있을 것이다. 이는 리버테리언의 문제에 대한 접근법이 보통 사람보다 더 이성적이고 차가운 이유와 연관 있을 것이다. 또한 리버테리언의 뇌는 섬엽 피질의 활동이 평균보다 저조할지도 모르며, 이는 많은 리버테리언에게서 보이는 다소 낮은 수준의 공감 능력과 상응한다. 즉 리버테리언은 개인이나 집단에 관해 감정적으로 어떻게 느끼느냐보다는 어느 편이 공평하고 정의로운지를 더 중시한다. 리버테리언들을 연구해온 뉴욕대학교 조너선 하이트 Jonathan Haidt가 동료들과 함께 2012년에 보고한 바로는, 리버테리언들은 민주당원이나 공화당원들보다 더 이성적이고, 덜 감정적이고, 덜 공감한다.

리버테리언들, 가령 불가지론자나 무신론자들은 범죄율이 낮은 경향이 있어서 윤리의식과 가장 많이 연관되는 신경기관인 안와 및 복내측 전전두피질 활동이 평균 이상으로 활발하리라고 예상된다. 반면에 편도체와 변연피질을 포함하는 동물적 충동의 계는 비리버테리언보다 활동이 저조할 수도 있다. 이러한 요인들은 자제력을 강하게 만들고 동물적 충동을 약화시킬 것이다.

나 자신을 돌아보면, 이런 성향은 나의 10대 후반과 20대 전반에 잘 들어맞는다. 그때 나는 처음으로 자유의지론과 불가지론, 무신론을 정치적·종교적으로 신봉하기 시작했다. 나는 한 아이를 구하는 데 우리가 가진 돈을 동전 한 닢까지 다 써야 한다고 생각하지는 않는다. 그렇게 한 아이만 애지중지하면 결국 인류는 파괴될 것이다. 또 누굴 애지중지할지는 누가 판결하는가? 나는 먼 지평선이 백 년, 천 년, 만 년 뒤에 펼쳐질 상황을 본다. 한 사람이 사회를 위해 내일 거꾸러진다면, 그건 정말 유감이지만 나는 괘념치 않는다. 나는 어떤 아이가 내 눈앞에서 굶어 죽게 내버려두지는 않겠지만(나는 괴물은 아니다), 내가 정부를 운영한다면 모든 복지제도를 도려낼 것이다. 헌법의 기본 원리(공정성, 사유재산, 기타 등등)를 철저하게 적용한다면 어떤 사람은 죽을 것임을 알고 있지만, 나는 괴롭지 않다. 그 체제가 약하거나 게으른 개인들을 솎아낸대도, 난 상관없다. 나는 비생산적이거나 무책임한 행동을 부추기고 싶지 않다. 그런 행동은 사회를 죽이는 일이라고 생각하기 때문이다. 난 한 사람이나 한 집단보다 종種에 대해 더 많이 공감한다.

곁에 있는 사람들보다 대의명분에 더 마음을 쓰는 이들이 있다. 많은 인도주의자가 개인 차원에서는 분명 좋은 사람이 아니었다. 나의 몇 안 되는 영웅 가운데 한 사람인 모한다스 간디 Mohandas Gandhi 는 주위 사람들에게는 귀찮은 인간이었고, 심지어 간디의 아내는 남편이 자신과 자식들에게 잔인했다고 이야기했다(모한다스 간디의 손자 아룬 간디 Arun Gandhi 와 수난다 간디 Sunanda Gandhi 부부가 쓴 《잊힌 여자 The Forgotten Woman》를 보라). 20세기의 또 다른 영웅적 인물인 테레사 수녀 Mother Teresa 는 자신이 도와주던 아이들을 포함해 가까운 지인들에게 차가웠던 것으로 전해진다. 도널 매킨타이어 Donal MacIntyre 는 2005년 《뉴스테이츠먼 New Statesman》에 기고한 글(〈테레사 수녀 유산 뒤편의 불결한 진실 The Squalid Truth Behind the Legacy of Mother Teresa〉)에서, 또 크리스토퍼 히친스 Christopher Hitchens 는 1995년에 발표한 저서 《자비를 팔다 The Missionary Position》에서 테레사 수녀가 돌본 아이들이 받은 대우가 수준 이하였고 심지어는 처참했다고 지적한다. 이 주장은 논란의 여지가 있지만 인류를 향한 지구적 공감의 뒷모습을 조명하는 것만은 분명하다. 수천 명을 구하는 공감이지만, 개개의 인간들에게는 무관심이나 학대로 귀결되는 비정한 공감 말이다.

　이상하게도, 나는 신경과학적 장애로 고통스러워하는 아이를 보면 정말로 괴롭다. 나는 노벨상을 수상한 물리학자 레프 란다우Lev Landau를 소재로 한 러시아 영화 〈다우Dau〉에서 어느 미친 과학자를 직접 연기했는데, 우는 아이들로 가득한 창살 감옥 안에 들어간 순간 눈물이 핑 돌기 시작했다. 신경장애(태아알코올증후군fetal alcohol syndrome, 다운증후군Down syndrome)가 있는 두 아이를 보자, 감정을 주체할 수 없었다. 발달장애 아이들에게 내가 보이는 반응의 기원은 나의 어린 시절로 거슬러 올라간다. 친구의 누이가 다운증후군이었는데 그 모습이 내 머릿속에서 떠나지 않았다. 아버지와 삼촌의 약국에서 약을 배달하며 발달장애아들을 많이 마주쳤는데, 그들은 진짜 고통스러워 보였다. 나는 이것이 내가 생애 초기에는 강한 공감을 가지고 있었음을 보여주는 사례라고 생각한다. 다른 감정들은 희미해진 반면 그것만은 내 감정적 반응의 목록 안에 남아서 슬픔을 촉발하는 조건반응을 일으키게 되었을 것이다. 나는 다른 누구에게도 그렇게 반응하지 않기 때문이다.

　내가 관여하는 자선이나 선행의 대상은 주로 생면부지의 또는 기껏해야 내가 아는 사람들의 지인들이다. 하지만 다이앤과 나는 익명으로 자선단체에 기부를 많이 한다. 나는 이게 우리의 의무라고 생각한다. 또 나는 자선단체들을 위해 자문위원으로 많은 일을 하고 여러 위원회에서 봉사도 많이 하지만, 금전적 보수는 사절한다. 나에게 그것은 주(州) 정부의 녹을 먹는 교수로서 내가 맡은 역할의 일부이기 때문이다.

내가 자선단체에 기부한다는 사실은 내가 복지에 동의하지 않는다는 말과 상충하는 듯 보일 수 있다. 하지만 복지는 여기에 의존하는 사람들이 그 체제를 졸업하도록 고무하는 일은 아무것도 하지 않는 터라, 장기적으로는 완전한 실패다. 나는 거리에 굶주리는 빈자들이 많으며, 잘 운영되는 자선단체들은 훌륭하게 그 빈자들의 자립을 돕고 있다는 사실을 잘 알고 있다. 나는 아프리카에서 빈곤을 목격했고, 그래서 주택과 의료와 교육 보급에 돈을 기부했다. 하지만 기회주의적 기생충들을 끌어들이지 않기 위해 비밀리에 해야 했다.

| 강렬한 꿈에서 깨달음을 얻었지만

나는 근래 들어 나에게 공감 능력이 부족함을 자각하게 되었지만, 때로는 나의 잠재의식이 그 일을 대신해준다. 이런 순간들은 느닷

없이 꿈속에서 찾아온다. 2008년 어느 밤에 꿈을 꾸다 잠이 깬 나는 멍해졌다. 꿈에서 받은 느낌이 너무도 강렬했기 때문이다.

다음은 그 꿈에 관해 새벽 네 시에 내가 직접 적어둔 글이다.

나는 여행 중이었고 아일랜드의 시골에 있었다. 큰 가든파티가 열리고 있는 아름다운 저택으로 뒷문을 통해 들어갔다. 파티장을 돌아다니다 보니 휑뎅그렁한 주 연회실, 검은 목재로 안을 댄 맥주홀이 나왔다. 누군가 나에게 뭘 찾고 있느냐 물었고 나는 반쯤 농담으로 이렇게 말했다. "진실이요……." 사랑과 진실과 미에 대한 나의 감각은 아내가 림프종에 걸리기 전까지는 다소 불투명한 뒤범벅이었다. 그 순간 나는 그 말을 낳은 심상 속으로 빨려 들어갔다. 다이앤이 나와 함께 이 변형을 통과했고, 그러자 우리 등 뒤로 빛나는 플라스마가 꽂혔다. 나에게 들어와 박힌 이 매우 편안하고 은은하게 빛나는 플라스마는 실은 겹겹의 수채 물감과 파스텔로 그려진 그림이었다. 내가 등을 대고 누우니 그 그림 자체 안에서 색들이 녹아 원색과 혼합색의 스펙트럼을 이루며 내 주위를 휩쓸고 돌아다니기 시작했다. 멋진 색깔들은 소용돌이치는 더없이 아름다운 만화경 속에서 빙글빙글 돌며 한 층 한 층 씻겨나갔다. 마침내 색깔의 마지막 층이 나의 일부분이던 이 거대한 그림을 다 씻어냈고, 나는 흰 바탕의 캔버스위에 누운 채로 있었다. 나는 혼잣말로 물었다. "그 모든 진실과 미와 사랑은 어디에 있지?" 이게 다 무슨 일일까. 고개를 오른쪽으로 돌리자, 다이앤이 곁에 누워 있었다. 나는 이 깨달음의 순간을 온몸으로 느끼면서 진정한 사랑을 보았고 더할 나위 없이 행복했다. 테이블에 앉아 있던 구루guru와 그의 친구들이 모두 다 만세를 불렀다. "그가 답을 찾았어." 그런 다음 그 삼인조 마법사 모두가 공중으로 떠올랐다.

당시 나는 행실이 아주 나빴다. 꿈에서 깬 순간, 나는 다이앤에 관한 나의 애정을 알았고 나의 공감 능력 부족이 무심결에 그녀처럼 과분한 선물에 상처를 입힐 수 있다는 점도 깨달았다.

그럼에도 그 꿈이 나를 막지는 못했다. 앞에 언급한 여러 불장난을 그로부터 머지않아 저지른 것이다.

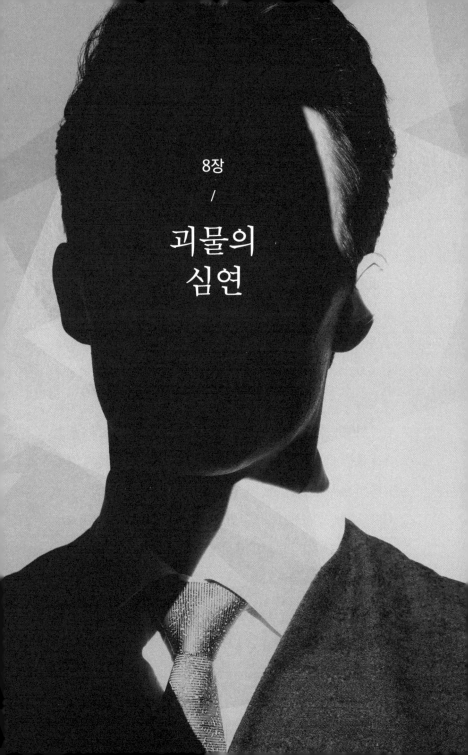

8장

/

괴물의
심연

2010년, 노르웨이 영사관이 우울증에 대해 강연해달라고 나를 초청했다. 그 주제라면 이전에도 여러 번 강연했던 것이다. 우울증, 양극성장애, 조현병을 포함한 정신장애가 창의성에 어떤 영향을 미치는가에 특별한 관심을 갖고 있기도 했다. 나는 이번 강연에서 영상법과 유전학과 심리검사를 조합하여 우울증과 같은 정신장애 이해하는 방법을 강연하기로 하고, 인격장애 얘기로 나의 논거를 보강하기로 했다. 나는 이 강연이 사이코패스 살인마와 사이코패스 전반에 관한 나의 '세 다리 의자' 가설을 세계적인 정신의학자들 앞에서 시험해볼 훌륭한 기회라고 생각했다. 난 '세 다리 의자' 가설에 자신이 있었고 이 이론이 나를 곤경에서 구해줄 거라고 믿었다. 내가 정말로 사이코패스라고 믿지는 않았기 때문이다.

　심포지엄의 제목은 '정신병: 양극성장애와 우울증Mental Illness:

Bipolar Disorder and Depression'이었다. 심포지엄은 여러 이유에서 흥미로 웠다. 스칸디나비아의 다른 나라에서 그렇듯, 노르웨이 사람들은 자신 또는 가족과 친구가 정신장애, 특히 우울증이 있다는 사실을 인정하거나 거론하기를 꺼린다. 미국 미네소타주 미니애폴리스 노르웨이명예총영사관의 교육 및 연구 책임자 엘렌 수 에발Ellen Sue Ewald과 오슬로대학교의 저명한 알츠하이머병 전문가 레이둔 토르프Reidun Torp가 회의를 조직했고, 세계 최고의 우울증 임상 전문가 중 한 사람인 미네소타대학교 호세인 파테미Hossein Fatemi를 초청해 다양한 유형의 주요우울장애major depressive disorder, MDD와 양극성장애를 둘러싼 의학적·정신의학적 쟁점들을 논의하도록 했다. 에발은 노르웨이 전 총리 셸 망네 보네비크Kjell Magne Bondevik를 용케 설득해 임기 중에 그를 덮쳐온 양극성장애와 싸운 얘기를 들려주도록 했다. 1998년, 보네비크 총리는 공개적으로 자신의 병을 인정하고, 휴직을 신청한 뒤 치료를 시작한 사람이었다. 그런 다음 복직하여 성공적으로 자신의 역할을 마쳤다. 놀라운 일이었다.

강연 전날 밤, 서로의 강연을 맞춰보려고 파테미 박사와 만났다. 강연 전이면 어김없이 갖게 되는 경조증적 에너지 더하기 보드카 두어 잔을 연료로, 나는 맹렬하게 나의 파워포인트 슬라이드를 뜯어고쳤다. 컴퓨터에 매달려 빠른 속도로 그 일을 해치우다가 흘긋

보니, 파테미가 호기심 어린 표정을 짓고 있었다. 그는 나의 경조증을 알아본 터였고, 새로운 의심을 내놓았다. 내가 양극성장애일지도 모른다고. 그 학회에서 나는 내가 실제로 기분장애를 가지고 있을 가능성을 처음으로 고려하게 되었다. 그보나 10년 전에 가까운 친구이자 동료이기도 한 어느 저명한 신경과의사가 자신의 양극성장애를 동료 신경과의사를 통해서야 알게 되었다는 말을 들은 적이 있었다. 본인은 정작 자신의 장애를 보지 못한 것이었는데, 이는 신경정신과 임상의들 사이에서 특히 의업을 시작한 초기에 흔히 일어나는 일이다. 그런데 이 내가 생애의 대부분 동안 양극성장애를 가지고 있으면서도 깨닫지 못했을 거라는 의외의 사실에 나는 어안이 벙벙했다.

| 양극성장애를 의심하다

오랜 임상 동료이자 친구이며 정신과의사이자 신경생리학자이기도 한 에이드리언^{Adrian}은 2005년에 나의 뇌파 패턴이 특이하다고, 독특한 알파파가 보인다고 말한 적이 있었다. 알파파란 8~12Hz, 즉 진동수가 1초 동안 8~12회 범위에서 뉴런들이 동기화

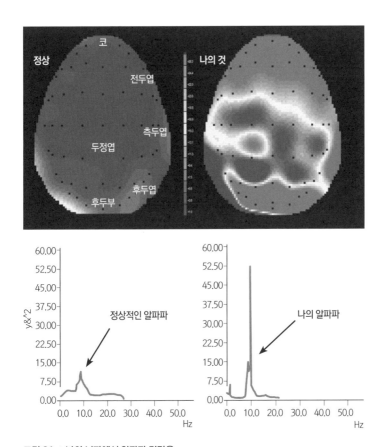

그림 8A ｜ 나의 뇌파에서 알파파 결맞음

되어 발화하는 것을 말한다. 나의 알파파는 그림 8A에서 보듯, 전압이 매우 높은 단일 주파수의 리듬으로서 전두엽 안까지 다다랐다. 위의 그림은 두 가지 색으로 표현된 알파파 '결맞음^{coherence}'의지도로서, 보통 사람의 알파파 결맞음은 대부분 머리 뒤쪽의 후두엽 occipital lobe에 존재한다. 반면에 나의 알파파 결맞음은 후두엽, 측두엽, 전두엽의 많은 부분에 걸쳐 강한 수준으로 관측됐다. 아래 그림을 다시 보면 정상적인 알파파의 봉우리는 다소 넓고 주파수 범위 9~10Hz에 퍼져 있는 경향이 있는데, 나의 알파파는 전압이 매우 높고 약 9.7Hz에 좁은 폭으로 국한되어 있다.

에이드리언은 이 패턴이 고도로 집중한 선禪의 상태와 일치하지만 우울증의 위험이 상당함을 가리킨다고도 말했다. 비록 그 연관관계를 설명하지는 못했지만 말이다. 물론 나는 선의 경지에 든 뇌라는 측면은 받아들이고 우울증 부분은 깨끗이 잊어버리는, 전형적인 거부반응을 보였다. 나를 수십 년 동안 잘 알아온 많은 임상의가 한결같이 나보고 경조증이 분명하다고 말했었다. 나는 의기양양한 상태에 빠지면, 햇살을 받아 끊임없이 약동하는 느낌이 든다. 그리고 여러 날 동안 또는 연달아 여러 주 동안이나 이 상태에 빠지곤 한다. 이는 그 누구도 낫고 싶어하지 않는 유형의 병이다. 그 느낌이 굉장해서 시종일관 기분이 끝내준다. 아마 주변 사람들에게는 내가 상당히 역겹겠지만 말이다. 나도 이 충만감이 양극성 장애와 연관될 수 있다는 걸 이론적으로는 인정할 수 있었다. 양극성장애는 우울증의 발현보다는 발작적인 조증이나 경조증에 의해 정의된다는 점 역시 이미 알고 있었다.

이런 생각을 하면서 밤을 꼬박 새우고 나자, 마침내 병을 바라보는 내 눈이 달라졌다. 내 과거를 돌아보며 전에는 놓쳤을지도 모르는 징후들을 찾아보았다. 얼마간 형이상학적이고 실존적인 위기와 연관 있는 공포를 무수히 경험했으면서도, 나는 내가 우울증이라고 생각해본 적은 단 한 번도 없었다. 내가 아홉 살 무렵 시작된 그 위기는 부정적 생각이 압도적으로 밀려들면서 지독한 공포가 뒤따르는 것이었다. 15~30분에 걸쳐 죽어야 할 운명, 신, 내세, 영혼의 개념, 존재의 의미에 관한 일련의 생각을 하다가, 마침내 중요한 것이라곤 아무것도 없으며 인생은 살 가치가 없다는 결론에 다다르는 식이었다.

이런 경험은 몇 분이면 끝이 난다(내 자식 중 둘과 손자 하나도 같은 경험을 하는데, 우리는 이 위기를 '죽음의 깨갱거림death yips'이라 부른다). 파테미의 말을 듣기 전까지는 이런 경험이 나의 강박관념에 따르는 감정적 반응 이상의 것이라고 생각해본 적이 없었다. 그게 우울증의 증상일지 모른다는 생각은 든 적이 없었다.

사람들은 대부분 우울증이 외적 비극이나 스트레스 또는 어두운 생각의 결과라고 생각하지만, 우울증은 뇌 안에서 저절로 발현한 다음 어두운 생각들을 초래하는 예가 많다. 비슷한 현상들은 도처에서 일어난다. 예컨대 십중팔구 한밤중의 사정射精이 잠자는 동안 우리에게 몽정이라 부르는 관념작용을 일으키는 것이지 그 반대는 성립하지 않는다. 또 다른 예는 자유의지에 관한 사고방식이다. 우리는 모두 자기 자신이 먼저 행동을 계획하고 난 다음에 의지에 따라 실행한다고 생각한다. 하지만 전두엽의 일부가 먼저 우리가 수행할 행위를 무의식적으로 '결정'하고, 우리는 그 행위를 실행한 뒤 자신을 속여서 자신이 계획했다고 생각하는 것일 수도 있다. 이처럼 위안을 주는 내러티브 아니면 적어도 논리적인 내러티브에 대한 욕구가 때때로 의식적인 존재를 조종한다. 몸과 뇌가 협력해서 할 일을 결정하면, 몇 초 뒤 우리가 스스로에게 사실은 나도 그 일을 하려 했다고 이야기하는 것이다.

파테미 박사와 함께 발표에 관해 의논한 이튿날, 나는 오슬로대학교에서 정치가, 미디어, 학생, 신경과학자, 정신과의사가 뒤섞인 청중을 대상으로 강연했다. 내 뇌 안의 세로토닌과 하측두엽inferior temporal lobe 및 전두엽의 불균형을 설명하고 뇌의 그림을 보여주면서, 한 영역이 다른 영역들에서 도파민 전달을 감소시켜 기분을 가라앉힐 수 있다고 말했다. 우울증이 있는 사람들은 슬하대상회subgenual cingulate gyrus라 불리는 이 부위가 만성적으로 '켜져' 있을 것이다. 에모리대학교 신경학자 헬렌 메이버그Helen Mayberg는 뇌 깊숙이 전극을 꽂는 기법인 심부뇌자극술^{deep brain stimulation, DBS}을 써서 그곳을 끄면 주요우울장애가 즉시 치료되는 걸 발견했다. 이 영역의 저조한 활동은 사이코패시와 연관되는데, 그래서 주요우울장애 환자이면서 사이코패스인 사람이 별로 없는 것일 수 있다.

해부구조 슬라이드 몇 장을 보여준 다음에는 나의 임상적·준임상적·신체적·행동적 표현형(나의 실제 특성과 장애)을 나열한 슬라이드를 청중들에게 보여줬다. 내가 관련 질병에 걸릴 위험도 열거했다. 여기에 사용한 분석법인 '그물망 분석^{network analysis}'은 내 유전자의 모든 대립유전자, 이들 유전자의 상호작용, 이 그물망으로부터 추론되는 질환과 특성을 포괄하는 방법이다. 발표 내용은 《월스트리트저널》기사를 위해 2년 전에 받았던 나의 유전자 검사 결과를 더 철저하게 분석한 것이었다. 덕분에 나에게 공격성이 강한 유전자가 많다는 사실이 입증되기도 했지만, 몇 가지 다른 조건과 관계 있는 유전자들에 관한 세부사항을 이해할 수 있었다.

슬라이드의 왼편에는 내가 평생 경험한 증후군이 빠짐없이 나열되어 있었고, 적당한 곳에 증후군이 시작된 나이가 적혀 있었다. 천식, 알레르기, 공황장애, 강박장애, 지나친 독실함, 고혈압, 비만, 본태성진전, 중독, 경조증, 고위험 행동, 남을 위험에 빠뜨리기, 충동성, 불면증, 무딘 공감, 공격성, 쾌락주의, 개인주의, 창의성 돌발,

장황한 말 등등. 임상적 증세의 목록 옆에는 나의 유전자를 근거로 내가 갖가지 신경장애, 정신장애, 행동장애, 내분비장애, 호흡장애, 대사장애 등 특정 장애에 걸릴 위험을 통계적으로 추정한 수치가 나열되어 있었다. 그리고 표현형과 유전형은 훌륭하게 짝을 이뤘다(내가 물려받은 악몽 같은 조합의 유전자들을 살펴본 마치아르디는 "자네가 청소년기는 말할 필요도 없고 태아 발달기를 통과한 것만도 놀라워"라고 말했다. 나는 우리 어머니가 유산한 또 한 명의 아기가 되었을 수도 있었고, 10대에 자살했을 수도 있었다). 내가 우울증을 겪었을 가능성은 전혀 언급하지 않았는데도, 강연의 질의응답 시간 끝에 정신의학계 의장이 나의 유전자 정보와 정력적인 행적을 볼 때 나에게 하위 유형의 양극성장애가 있는 듯 보인다고 말함으로써 강연 전날 밤 파테미의 의심이 옳았음을 입증해주었다.

뇌 스캔 사진에서 이상을 발견한 뒤 6년 동안 여러 새로운 사실들을 찾아냈지만, 내가 정말로 충격을 받은 건 이때가 처음이다. 나는 내 마음속 깊은 곳에 대해 아무것도 몰랐음을 깨달았다. 그날 저녁 나의 35년 지기이자 박학다식한 신경과학자로서 오슬로대학교 총장이기도 한 올레 페테르 오테르센Ole Petter Ottersen의 집에서 심포지엄 뒤풀이가 열렸다. 그 자리에서 만난 다른 임상의들도 그동안 내가 양극성장애를 앓았을 거라고 말했다. 어떤 사람은 나의 적나라한 강연을 '간증'이라고 불렀다. 나는 아직도 내 삶의 의미를 잘 모른다. 하지만 그날 이후로 나는 내가 단호하게 신을 부정하는 것이 우울증의 원인이 아니라 결과물이라고 생각하기 시작했다(지금은 신의 부재에 관해 100퍼센트 확신하지는 않는다. 어쩌면 신과 내세가 있을지도 모르지, 혹시 알아?).

나는 이 오슬로 여행에서 신경과학자와 임상의들로부터 훌륭한 의견을 들은 덕분에 '세 다리 의자' 이론에 대한 확신을 굳혔다. 하지만 그 여행 중에 내가 양극성장애에 걸려 있다는 사실도 알았다. 절벽에서 떨어지는 와일 E. 코요테^{Wile E. Coyote}(미국 애니메이션 시리즈 〈루니 툰^{Looney Tunes}〉에 등장하는 코요테 이름-옮긴이)처럼, 난 상황의 심각성을 인지할 만큼 상태가 안 좋아지고 나서야 양극성장애라는 현실을 알아차렸던 것이다.

| 우울증과 양극성장애의 관계

오슬로에서 이틀 동안 파테미 박사의 말과 강연을 듣고, 노르웨이에서 돌아온 뒤에는 장애에 대한 내 지식에 살을 붙이면서, 나는 임상적으로 얽히고설킨 우울증과 양극성장애의 관계에 관해 많은 걸 배웠다.

미국국립보건원의 《A. D. A. M. 의학백과사전 A. D. A. M. Medical Encyclopedia》은 양극성장애를 다음과 같이 정의한다. "양극성장애란 기분이 매우 좋고 들뜬 기간과 우울한 기간을 왔다갔다 하는 증세다. 조증과 우울증 사이의 '기분 동요 mood swings'는 그 주기가 매우 빠를 수 있으며…… 양극성장애가 있는 사람들 대부분은 뚜렷한 원인도 없이 조증이나 우울증이 나타난다. 조증 국면은 며칠에서 몇 달까지 지속될 수 있다." 열아홉 이후로, 나는 경조증 기간 동안 거의 자지도 않고 무모하게 행동하고 기분이 들뜨고 과도하게 활동하는 것을 포함해, 위 사전에 나열된 증상의 85퍼센트를 보였다. 우울한 기간에는 슬픔, 집중 곤란, 피로, 낮은 자존감, 절망을 경험했다.

우울증은 여러 기분장애를 합친 복합 장애다. 다 통틀면 전 세계 인구의 10~15퍼센트가 일생의 어느 시점에 한 번은 겪는, 가장 흔한 정신질환의 하나다. 배우자, 자녀, 친구나 직업을 잃어서 우울해지는 것은 물론 정상이다. 하지만 우울증은 분명한 환경적 자극이 없어도 일어날 수 있다. 그리고 최소한 부분적으로는 유전됨을 시사할 정도로 많은 경우 집안 내력이다. 전에는 조울증이라 부르던 양극성장애는 임상우울증clinical depression으로도 알려진 주요우울장애와 다른 점이 있다. 양극성장애에는 무엇보다 우울한 기분의 침체기와 함께 주기적으로 돌아오는 경조증이나 조증이 존재한다는 점이다. 우울증의 다른 유형으로는 뇌의 리듬 기능이 겨울 몇 달 동안 작동하지 않아서 발견되는 계절성정서장애seasonal affective disorder, SAD, 산후우울증postpartum depression, PPD, 기분부전장애dysthymia(가볍고 길게 지속되는 형태의 우울증), 쾌감을 경험하지 못하는 멜랑콜리아형우울증melancholic depression 등이 있다. 심각한 형태의 주요우울장애로는 거의 움직이지도 못하는 긴장증catatonia뿐만 아니라 환각과 망상까지 경험하는 정신병적주요우울증psychotic major depression, PMD 등이 있다.

그러나 나의 개인적 관심은 임상 정신과의사나 신경과의사이기도 한 내 가까운 친구들이 오랜 기간에 걸쳐 내게 언급한 양극성장애에 집중되었다. 내가 그런 제언을 무시했던 이유는 단순했다. 나는 내가 정상적 우울감을 결코 경험할 수 없다고 여겼다. 예외라면 어린 시절부터 때때로 공포감을 경험했고, 열여덟 살 때부터 규칙적으로 공황발작을 경험한 것뿐이었다. 나의 성년은 긍정적 느낌, 유쾌한 난동, 기발하고 독창적인 행위로 빠지는 황홀경, 신나게 까부는 시간으로 가득했다. 대학 졸업 뒤 성년기 내내 강력하게 지속된 나의 긍정적 기분은 주위 사람들을 신바람 나게도 하고 짜증 나게도 했다. 왜냐하면 내가 언제나 즐겁게 지내는 것처럼 보였기 때문인데, 그건 사실이었고 지금도 그렇다.

내가 거의 만성적이고도 과도하게 긍정적인 기분을 양극성장애의 징후로 받아들이지 않은 것은 아마도 일종의 거부반응이었을 성싶다. 나는 우울증을 나약함의 한 형태로 보는 터라 나의 양극성장애를 받아들임으로써 내가 피해자일 수도 있음을 인정하고 싶지 않았다. 게다가 어떤 사람이 경조증을 치료하고 싶겠는가? 기분이 끝내주는데 말이다. 설령 입심 좋은 신경과의사 친구의 표현대로 '프라이팬 위의 방귀 fart on a skillet' 같은, 그러니까 변덕이 죽 끓듯 해서 예측이 불가능한 놈으로 보인들 무슨 상관인가.

현재 양극성장애는 일종의 스펙트럼장애로 여겨지며, 이는 우리가 아직 그 정체를 완전히 이해하지 못했다는 뜻이다. 두 가지 주요한 유형은 장기간의 조증이 특징인 양극성 I형과, 덜 심한 형태의 조증(경조증)이 특징인 양극성 II형이다. 경미한 형태의 III형, IV형, V형, VI형도 있다. 양극성 I형은 심각한 유형으로 심신을 쇠약하게 한다. 매우 흥분하고 공격적이며 불안한 조증 상태에서는 정신병적 망상과 환각 및 편집증을 비롯해 인간관계, 직업, 은행잔고를 잃게 만드는 행동이 나타날 수 있다.

나는 생물학자인 동료 로브^{Rob}와 함께 그의 임상조증$^{clinical\ mania}$과 나의 경조증을 비교해본 적이 있다. 나는 그에게 나의 경조증이 한 번 발작하면 며칠에서 몇 주를 가고, 불면, 생산적 창의성의 폭발, 진탕 먹고 마시며 놀고 싶은 욕망이 생긴다고 말했다. 로브는 나의 이 증세를 자신의 조증과 대비시켰다. 로브의 조증은 대개 일주일을 가는데, 기어이 연구실을 걸어 나와 제트기를 타고 라스베이거스로 가게 된다고, 거기서 온 낮과 밤을 도박과 파티로 보내며, 서른 대의 텔레비전 수상기, 보석, 필요하지도 않은 고가의 가정용품을 구입한다고 말했다. 로브는 그렇게 일주일을 보낸 값으로 5,000달러 이상을 치르곤 했다. 이런 행동 때문에 몇 차례 이혼했고 수도 없이 곤경에 빠졌다. 로브는 조증 국면의 기분이 끝내주기는 하지만 당시의 창의적 산출물은 많기만 할 뿐 질이 높지 않다고도 말했다.

나도 증상이 도지는 동안 술 취한 채로 내 친구 중 한 명과 함께 차를 몰고 라스베이거스로 가서, 내일은 없는 것처럼 마시고 도박을 하며 주말을 보낸 적이 있다. 다이앤은 내가 저지르는 행위를 정말로 분별없는 짓으로 여겼고 음주운전을 비롯한 위험한 행동들에 대해 걱정했다. 아이들은 전혀 불평하지 않았다. 아빠는 우리와 다른 사람이라 미친 짓을 한다고 생각했을 뿐이다. 이 악당 짓이 친구들의 결혼 생활을 위협한 나머지, 나는 동지들을 잃게 되었다. 친구들의 아내들이 더는 나와 놀지 말라고 했기 때문이다. 언젠가 노벨상 수상자인 한 동료의 아내는 파티에서 나를 옆으로 불러내서는 자기 남편과 더는 어울리지 말아달라고 나에게 애원했다. 또 다른 아내는 나를 보면 《위대한 개츠비The Great Gatsby》에서 닉이 뷰캐넌가에 관해 이야기하는 장면이 떠오른다고 했다. "톰과 데이지, 그들은 무심하고 태평한 사람들이었다. 그들은 생명이 있는 것이든 없는 것이든 박살 내놓고는…… 무신경…… 속으로 숨어버린 다음, 자신들이 만들어낸 쓰레기는 다른 사람들에게 치우게 했다." 친구의 아내가 거론한 게 나의 경조증인지 아니면 좀 더 사악한 뭔가인지, 나로서는 알 수 없는 노릇이었다.

정신장애는 흔히 동반이환comorbidity 현상을 동반한다. 이는 문제의 일차적 장애 말고도 다른 장애가 존재하는 현상이다. 이를테면 양극성장애나 조현병으로 진단된 환자는 흔히 경계선인격장애 같은 그 밖의 진단도 받게 된다. 나는 사이코패스이기만 하고 다른 병은 없는 사람을 한 사람도 알지 못한다. 증상, 원인이 되는 뇌 영역, 관련 전달물질 면에서 여러 장애가 폭넓게 중복되어 나타나는 것이 정신장애다. 나의 사이코패스적 특성은 다른 문제와 별개로 논의할 수 없다. 내가 매력적인 이유는 활기차고 말재간이 있으며 호언장담으로 앞에 놓인 장애물을 헤쳐나갈 수 있기 때문이다. 맞다, 그 에너지와 유창함은 나의 경조증에서 나온다. 이렇게 나의 모든 행동이 한데 묶여 있다.

인디애나폴리스 릴리연구소 Lilly Research Laboratory의 도론 새그먼 Doron Sagman과 마우리시오 토엔 Mauricio Tohen은 양극성장애가 있는 사람들에게 공황장애, 강박장애, 물질남용의 위험이 크다고 썼다. 그뿐만 아니라 양극성장애 환자는 주요우울장애 환자와 달리 약 3분의 1이 반사회적·경계선·히스테리성·자기애성 인격장애를 동시에 보인다. 또한 자살하거나, 비만이거나, 제2형 당뇨가 생기거나, 흡연할 가능성도 더 높다고 한다.

최근에 이 양극성 동반이환의 목록을 본 나는 멈칫했다. 이 목록은 어린 시절부터 10대와 청년기를 거치는 내내 번갈아 사귀어온 내 평생지기들(병명들)의 친숙한 '인명록'인 셈이었다. 나는 이들 장애와 연관된 증상을 잔뜩 짊어지고 있었고, 각각의 증상이 내 일생의 어떤 기간을 지배했다. 한 증상이 10대 초반에 절정을 이루다가 물러가면, 완비된 또 한 벌의 증상이 그 자리를 대신했다. 모든 장애가 발병하기만 하면 길게는 몇 년에 걸쳐 나타났다. 일가 어른들과 임상의들이 내게 들려준 의견들에도 공통점이 하나 명백히 드러났다. 이 장애들 대부분이 세로토닌계와 강하게 밀착되어 있었다. 신경전달물질인 도파민, 노르에피네프린, 히스타민 histamine 을 포함해 다른 모노아민도 영향을 미치긴 했지만, 세로토닌이 가장 중요한 물질이었다. 나의 삶은 세로토닌이 불러오는 파도였고 하측두엽이 고통으로 지르는 비명이었다. 그리고 편도체를 포함한하측두엽이 고통을 겪고 있었다면, 하전두엽과 그로부터 섬엽으로 들어가는 연결 부위도 상태가 나빴을 것이다. 에이미 안스텐이 나의 TED 연설을 보고 나서 말해준 대로, 이 좋지 않은 상태가 나의 PET 스캔 사진에 명백히 드러나 있었다. 나의 심리세계가 비로소 이해되기 시작했다.

| 블랙홀 안으로 떨어지다

나는 계속해서 모노아민계가 어떻게 나에게 영향을 주었을지 생각했다. 2012년 세계과학축전 World Science Festival 의 행사인 '다시 정의한 광기 Madness Redefined'에서는 우울증 전문가인 케이 레드필드 재미슨 Kay Redfield Jamison, 정신의학과 법 전문가 엘린 삭스 Elyn Saks 와 함께 양극성장애와 미술, 음악, 연극, 과학의 창의성과의 관계에 대해 이야기를 나눴다.

경조증 단계에선 모노아민이 더 많이 전달된다. 신경전달물질이 많아지면 긍정적 기분에 휩싸여 뭔가를 창조하고 싶어지고, 피질의 서로 다른 영역이 더 활발히 연결되는 덕분에 기발한 연상을 할 수도 있다. 정신장애를 때로는 축복으로 볼 수 있는 이유가 바로 창작 충동이다. 특히 나처럼 양극성장애가 가벼운 경우는 극도의 조증이나 우울증으로 파멸되지 않고 경조증의 환희에서 혜택을 보기도 한다.

지각기억과 정서기억을 조화시키는 측두엽의 기능에도 노르에피네프린, 도파민, 특히 세로토닌과 같은 모노아민 신경전달물질계가 막중한 영향을 미친다. 회로를 조정해 감각입력^{sensory input}을 늘리거나 줄이기 때문이다. 내 유전자만 보더라도 모노아민 경로에 관여하는 효소와 단백질을 부호화하는 고위험 대립유전자가 유별나게 많이 섞여 있는 모습을 볼 수 있다. 하지만 한 유형의 기능에 장애가 있을 위험이 큰 덕분에 다른 유형의 기능에 장애가 생길 위험은 작아질 수도 있다. 예컨대, 성장인자의 일종인 BDNF^{brain-derived neurotrophic factor}, 곧 뇌유래신경영양인자는 뛰어난 기억력의 원인이 되지만 심한 불안과도 연관이 있다. 내 유전자에도 이 인자가 섞여 있고, 내가 하는 행동도 예상과 들어맞는다. BDNF의 대립유전자 부호는 기억 기능을 떨어뜨리지만 불안감 또한 누그러뜨린다. 그러니 어느 쪽을 가져야 할까. 뛰어난 기억력과 심한 불안? 아니면 모자라는 기억력과 유유자적한 기질? 힘든 결정이다.

하측두엽은 정서기억, 공포, 분노, 격정, 불안 외에도 통찰을 얻고, 초자연과 신을 감지하고, 초감각적 지각experiencing extrasensory perception, ESP을 느끼는 데도 일정한 역할을 맡고 있다. '프시psi'라고 이름 붙여진 이 능력은 예지, 투시, 예감, 염력과 같은 터무니없는 것들이다. 측두엽 간질 환자들은 간질 발작 전에 초감각적 지각을 경험한다고 말한다. 초자연을 감지하거나 시공간 평면을 초월한 경험을 보고하는 것은 이러한 측두엽 간질 환자, 조현병 환자, 환각제 사용자에게 흔한 일이다. 프시라고 불리는 이들 경험을 임상의와 연구자는 어떤 장애의 주관적 증상으로, 즉 실제 능력의 객관적 징후에 상대되는 개념으로 취급한다.

초감각적 지각과 같은 극단적 경험에 대한 믿음을 정신의학에서는 '마술적 사고magical thinking'라 부르며 조현병, 불합리한 공포, 강박장애 등 기저질환에 따르는 증상으로 여긴다. 어떤 사람에게는 마술적 사고인 것이 다른 사람에게는 깊이 간직된 종교적 믿음의 장치일 수도 있다. 하지만 양극성장애나 주요우울장애나 조현병으로 정신이 붕괴되고 있는 어느 환자가 누군가를 죽이라는 목소리를 듣기 시작하면, 개인의 믿음이 공공의 위협으로 탈바꿈한다. 반면에 사이코패스는 망상에 이끌려 사람을 죽이는 게 아니라, 환각이나 감정의 개입 없이 공격 행동을 실행한다. 사이코패스 살인마가 폭력을 유발하는 환각을 경험할 수는 있겠지만, 그 원인은 십중팔구 사이코패시가 아니라 정신의학적 동반이환에 있을 것이다.

나도 신기한 지각을 경험한 적 있다. 그 지각이 시작된 시점은 세 살 무렵이었다. 밤마다 누워서 눈을 감고 잠들기 시작하면, 주변 시야를 온통 뒤덮으며 반짝이는 검은 면sheet이 형성되는 것이 보였다. 검은 면은 중심을 향해 다가오기 시작해 시야를 채우고는 밝은 한 점으로 응축되어 나를 향해 달려들었다. 광점光點은 이마의 중심을 향해 속도를 높였고, 그 에너지가 나를 때리는 순간에는 마치 무한대의 질량과 무한소無限小의 크기를 가진 듯 느껴졌다. 광점은 깃털처럼 가볍게 '핑' 소리를 내며 나를 때리곤 했지만, 우주의 질량 전체를 담고 있는 것만 같았다. 나는 기이하고도 짜릿한 그 경험을 언제나 즐겼다.

1960년대 말의 어느 날. 친구 한 명과 한밤중에 차를 몰고 대학으로 돌아가는데, 이상한 녹색 불빛이 내 폭스바겐 버그(비틀)의 창틀에 반사되어 규칙적으로 반짝이는 게 보였다. 이상한 나머지 차를 세우고는 밖으로 나와 어슬렁어슬렁 걸어 들어가다가 하늘을 올려다보았고, 강렬하게 펼쳐진 오로라를 목격했다. 나는 광활한 무대에 서 있는 개미가 된 느낌으로 하늘을 올려다보았다. 오로라의 막은 강렬하게 어른거리다가 한 점이 되어 우주의 가장 깊은 곳까지 닿을 듯 사라졌다. 어린 시절 밤마다 경험한 광경과 너무도 흡사했다.

그해 대학 물리학 수업에서 블랙홀black hole에 관한 존 휠러John Wheeler(블랙홀이라는 용어를 처음 사용한 미국의 물리학자-옮긴이)의 묘사를 처음 배우며, 나는 내가 걸음마 시절에 감지한 게 블랙홀 안으로 떨어지는 것 같은 느낌이었음을 깨달았다. 그건 내 머릿속 화학물질이 창조한 그 멋진 느낌에 대한 만족스러운 설명이었다.

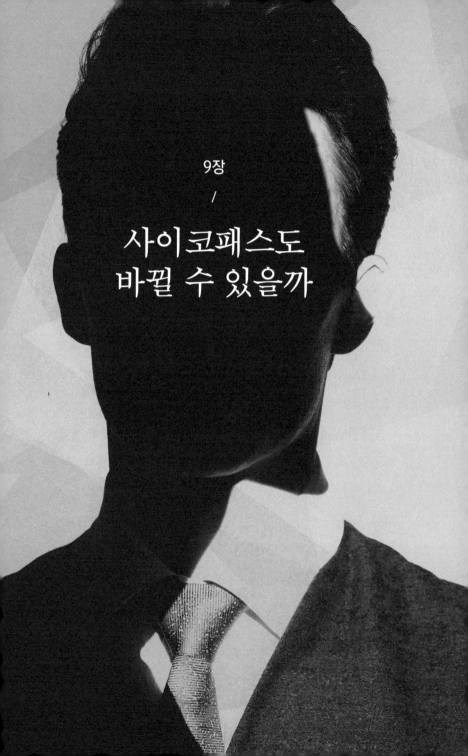

9장

/

사이코패스도
바뀔 수 있을까

나는 사이코패스에 대한 탐구를 끝내기로 했다. 오슬로의 정신과의사와 유전학자들 덕분에 나에게 양극성장애가 있음을 알게 되었고, 유전자 전체의 정밀검사를 완료한 덕분에 나의 공감 호르몬과 모노아민계가 뭔가 잘못되었다는 증거를 얻었다. 이제는 인격을 더 자세히 들여다볼 시간이었다.

　인격과 성격은 다르다. '인격 personality'은 신경성(신경과민, 불안, 회피 등), 외향성, 친화성, 새로운 발상과 경험을 향한 개방성, 성실성(세심함, 근면성, 자제력, 성취욕 등) 같은 특성의 목록이다. 반면에 '성격 character'은 인격보다 덜 분명하다. 한 사람의 진정한 성격은 그가 곤혹스럽고 압박을 받는 상황에 놓여 어쩔 수 없이 힘든 결정을 내려야 하는 때에만 판단할 수 있다.

　과학자들은, 인격은 많은 부분이 유전에 의한 것이므로 바꿀 수 없으며 성격은 스트레스 요인, 경험, 선택, 믿음에 따라 그보다는 쉽게 바뀐다고 생각하는 경향이 있다. 영웅들이 소설과 영화에서 보여주는 성격의 변화는 성격이 더 나은 방향으로 바뀔 수 있음을 드러내는 일례다. 종교, 정부, 가족, 문명에 대한 우리의 믿음은 부분적으로는 우리의 성격을 '어두운 악의 세력'으로부터 구할 수 있다는 희망을 기반으로 한다.

인간은 본질적으로 자신의 정체를 알아내는 데 관심이 있다. 이는 동네 서점의 자기계발서 코너가 얼마나 큰지만 봐도 알 수 있다. 자신의 인격과 성격을 파악하고자 할 때, 우리는 내적 성찰을 통해 자신의 감정, 행동, 욕구를 평가하려 든다. 그렇지만 우리는 어떤 경우는 유리하게, 또 어떤 경우는 불리하게 편향되어 있어서 (옛말에도 있듯이, 중이 제 머리는 못 깎는 법이다) 그리 믿을 만한 그림을 그리지 못한다. 1976년에 미국에서 대학입학자격시험SAT을 치른 학생 100만 명을 연구한 결과를 참고하라. 60퍼센트가 자기는 평균 이상으로 운동을 잘한다고(통계적으로 불가능), 70퍼센트가 자신의 지도력이 평균 이상이라고, 85퍼센트가 자신이 또래 대부분보다 남들과 잘 지낸다고 말했다. 이렇게 답한 학생 가운데 4분의 1이 자신은 친화력이 상위 1퍼센트에 든다고 생각했다. 그러니 내가 나 자신을 실제의 나보다 더 호감 가는 사람으로 여겼다고 해도 놀랄 일은 아닐 것이다.

| 타인의 눈으로 바라본 나

UC 어바인으로 돌아온 나는 친구, 가족, 동료 등 내가 아는 모든 사람에게 나를 어떻게 생각하느냐고, 또 내가 사람들을 대하는 방식을 어떻게 생각하느냐고 묻기 시작했다. 조금도 주저하지 말고 진실을 말해달라고 했다. 절반쯤 답을 주었다. 다른 이들은 아무 말도 하지 않거나 소리 내어 웃기만 했다.

친구들이 생각하기에 나의 행실이 정말로 그렇게 나빴을까? 나와 가장 가까운 친구 둘을 꼽으라면 나의 첫 박사후연구 파트너였던 수재너와 그녀의 남편 마크를 들 수 있다. 둘은 1977년부터 나를 친밀하게 알고 지냈고, 아직도 다이앤과 나를 집에 초대해 저녁을 함께한다. 그런 마크가 이런 말을 했다. "짐, 난 자네가 참 좋아, 진심이야. 그러나 자네를 신뢰할 순 없어. 상황이 정말로 나빠지면 절대 의지할 수 없는 사람이라는 걸 알거든." 나는 좀 더 구체적으로 말해달라고 부탁했다. 그렇지만 나에게 답을 준 열다섯 친구들 대부분과 마찬가지로, 마크도 모호한 말로 나를 실망시켰다.

나는 수많은 정신과의사, 심리학자, 신경과의사에게 같은 질문을 던졌다. 나를 수 년 동안 잘 알고 지낸 일부는 수십 년 전부터 알고 지낸 사람들이었다. 앞서 언급했듯, 내 동료 중 여러 명은 진작부터 내 행동에 의문을 제기했고 때때로 나를 사이코패스라 불렀다. 나는 그들의 말을 무시하고, 질투나 분노 때문에 하는 말로 여기곤 했다. 그래도 그동안 협력해 일하고, 함께 식사하고, 같이 여행하면서 나는 내가 이들 모두와 가까워졌다고 생각했다. 하지만 그들도 하나같이 같은 말을 했다. 자기들은 나에 대한 생각을 예전부터 말했다고 말이다. 그들의 말에 의하면 나는 멋지고 재미있는 놈이지만 '소시오패스'였다. 나는 그들의 말을 농담으로 여겼지만, 그들은 진심이었다고 말했다.

모든 사람이 나에게 하는 말은 내가 사이코패스의 아류이거나 친사회적 사이코패스라는 것이었다. 사이코패시의 특성을 많이 가지고 있지만 폭력 전과는 없는 사람 말이다. 이런 사람들은 사회적으로 용인되는 출구로 공격성을 배출한다. 사람들을 교묘하게 조종하는 것이다. PCL-R을 기준으로 말하자면, 나에게는 네 가지 요인 가운데 세 요인이 있고(대인관계가 피상적이고, 정서적으로 냉담하고, 행동은 무책임하다) 반사회적 성향만 없다.

나는 계속해서 가까운 친구들에게 나를 어떻게 생각하느냐고 물었다. 그들은 내가 평소에는 괜찮은 사람 같은데 이따금씩 하는 짓을 보면 정말로 남들에게 관심이 있어 보이지는 않는다고 했다. 친구들이 나를 묘사하는 말은 이러하다. "사람을 교묘하게 조종한다." "매력적이지만 교활하다." "지능적으로 약자를 들볶는다." "중요한 순간이 오면 신뢰할 수 없다." "자아도취적이다." "피상적이다." "필요할 때 기댈 수 없다." "자기중심적이다." "깊이 사랑할 줄 모른다." "수치를 모른다." "양심의 가책이 눈곱만치도 없다." "약삭빠른 거짓말쟁이다." "법이나 권위나 사회법규를 존중하지 않는다." "선택적 도덕률에 따라 산다." "무책임하다." "무정하다." "차갑다." "공감할 줄 모른다." "감정적으로 얄팍하다." "자기만 잘났다." "병적인 거짓말쟁이다." "남 탓을 한다." "자만심이 하늘을 찌른다." "끊임없이 지루해한다." "신나는 일을 찾아다닌다." "쉴 새 없이 자극이 필요하다." "겁이 없다." "자신과 더불어 남들을 커다란 위험에 빠뜨린다." "인기가 있지만 얕은 관계가 많다." "무슨 짓을 하든 죄책감을 느끼지 않는다." 맙소사, 올리어리 여사^{Mrs. O'Leary}. 그건 그렇고, 댁의 소는 잘 있지요?(1871년 미국 시카고 대화재의 주범으로 올리어리 부인의 암소가 거론되었다. 부인의 암소가 헛간의 등불을 걸어찬 게 화재의 시발점이었다는 이야기다-옮긴이)

돌아보면 나는 놀라지 말았어야 했다. 나는 직업상 수시로 부탁을 받고 심리검사에 참여했다. 대개는 동료들의 연구 자료 수집을 돕기 위해서였다. 20대와 40대 사이에 세 차례 받은 공식 심리검사의 결과들이 서로를 뒷받침한다. 1994년에 임상심리학으로 두 번째 박사과정을 마무리하는 중이던 동료 스탠리 교수가 나를 대상으로 수행한 검사가 가장 포괄적이었다. 검사보고서는 거의 50쪽에 이르고, 지능, 인격, 정신건강을 조사하는 다양한 검사 결과들로 구성되어 있다. 나는 집에서 면담도 하고, 설문지도 작성하고, 반응시간과 단기기억을 측정하는 다양한 과제를 수행하는 방법으로 사흘에 걸쳐 검사를 받았다.

보고서의 많은 부분은 심리측정 전문용어로 되어 있지만, 요약문 일부를 보면 전문가의 시각에서 본 내 모습이 어떤지 꽤 분명한 그림이 나온다.

제임스 F는 재미를 사랑하는 사람으로 사회생활이 매우 활발하고 수많은 친구와 가까이 지낸다. 여행, 저녁식사, 파티를 주동하는 일이 잦고 여기에 친구와 친척들을 참여시킨다. 먹는 것을 즐기고, 와인 애호가에다 훌륭한 요리사이기도 하다. 학생들이 아주 좋아하고 동료들 또한 높이 평가한다. 열심히 세계를 여행하고 새로운 상황에 즉시 적응한다. 본인의 주장으로는, 심각하게 우울한 적이 한 번도 없었으며 "뭔가를 놓치게 될까 봐" 잠들기를 지독히 싫어한다. 그래서 밤마다 네댓 시간밖에 자지 않고, 흔히 새벽 한두 시까지 먹고 마시며 즐기고, 아침 여섯 시에 일어난다. 어린 시절 천식을 겪으며 나도 언젠가는 반드시 죽는다는 것을 깨닫고, 어린 나이에 삶을 즐기며 살겠다는 결심을 했다고 한다. 이 생각은 18세 때부터 수십 년 동안 850번의 공황발작을 겪으며 강화되었다. 그가 전국에서 가장 큰 아마추어 미국프로풋볼리그 베팅풀 betting pool(돈을 걸고 결과에 따라 한 명에게 몰아주는 방식-옮긴이)중 하나를 운영해왔음을 지적해야겠다. 그에게는 이것이 돈 때문이 아니라 재미로 하는 일이었다. 세 살 때부터 경마장에 다니고 있으며 수십 년 동안 라스베이거스에서 도박을 하고 있지만, 돈은 조금밖에 걸지 않는다. 취미로 영화의 대본을 쓰고, 대체로 가족과 잘 지내고 있다.

제임스 F의 지능지수는 매우 우수한 범위(150점대)에 들고, 과거에 다른 검사에서 받은 점수들과 비슷하다. 대뇌를 보면 언어기능과 실행기능이 훌륭하게 균형을 이룬다. L과 K(거짓말 척도와 방어성 척도)의 값을 통해 그가 자신을 이상화하고 싶어함을 엿볼 수 있으며, 자아가 상당히 강하고, 감정을 잘 드러내지 않고, 현실과 밀착해 있고, 완벽주의자이며, 대처술도 뛰어나지만 내적 성찰에는 약할 수도 있음을 볼 수 있다. 임상 점수를 통해서는 1) 적응력 2) 과단성 3) 확고한 자기상 4) 심리적 스트레스가 적은 선량하고 낙관적인 기질 5) 독립성 6) 공격성 7) 강력한 에너지 8) 기민함 9) 외향형 10) 높은 자신감 11) 사교성 12) 자발성의 패턴을 엿볼 수 있다. 그는 다소 말보로 광고에 나올 법한 '말보로맨 Marlboro Man' 유형이지만 균형 잡힌 방식으로 세계에 접근한다. 언변과 사교성이 뛰어나지만 활동이 지나칠 때도 있다. 권력, 인정, 지위에 관심이 많다. 매우 야심만만하게 열심히 일한다. 학자로서 성취감을 누리면서도 쾌락주의적 생활양식을 즐긴다. 자기중심성과 남들과 가까워지기 어려울 가능성이 비치기는 하지만, 그럼에도 직업적 목표를 달성하는 데 필수적인 고도의 대처술을 개발해왔다.

미네소타 다면적 인성검사 Minnesota Multiphasic Personality Inventory, MMPI에 따르면. 자신의 내면을 거의 드러내지 않는다. 주제통각검사 Thematic Apperception Test, TAT 점수로 미루어보자면, 아버지의 상이 강하지만 어머니의 상은 없으며 동성애에 반응하지 않고 성적으로 정상이며 내숭 떠는 사람은 아니다. 집–나무–사람 검사 House-Tree-Person test, HTP 그림에서는 유아적 자기중심성과 몸에 대한 자기도취증이 엿보인다. 쉽게 적응하고, 외향적으로 사교 모임을 쫓아다니며, 다른 문화나 광범위한 사회적·직업적 인맥 안에서 교류를 잘한다. 과대망상에 빠지고 자기에게 몰두하는 자기도취적 성향이 있고, 아마도 피상적 수준일 테지만 남들에게 순수하게 반응하고, 자기의 값어치를 매우 긍정적으로 판단하며, 자기 능력 이상으로 노력할 수 있을 것으로 보인다. 일부 검사를 통해 대인관계가 피상적임을 그리고 남들을 교묘하게 조종하지만 파괴적 방식으로 조종하지는 않음을 볼 수 있다. 매우 긴장하며 살지만 그것을 감당하기에 충분한 심리적 자원을 가진 듯 보인다. 약간의 과대망상증과 자기도취증을 비롯해 충족되지 않은 의존욕구가 비치기는 했지만, 심각하진 않다.

두 통의 절절한 편지

2006년 이전에 내가 받은 심리검사 중 사이코패시를 다룬 검사는 하나도 없었다. 지금도 사이코패스의 공식 정의가 없는 만큼, 어떤 공식 검사도 내가 사이코패스인지 아닌지를 밝혀낼 수 없을 것이다. 하지만 돌아보면, 사이코패스에게 공통된 여러 특성이 드러난 것은 사실이다. 나는 나의 과대망상증, 자기도취증, 자기중심성, 스릴 추구, 의존성, 자기평가가 서투를 가능성, 관계의 피상성을 사이코패시의 맥락에서 고려해본 적이 한 번도 없었다. 이처럼 이기적이고 '허풍쟁이'인 데다 천하태평인 특성들이 나에게 문제가 되

254

지 않았던 이유는 내가 반사회적이지는 않아서였다.

오슬로에서 돌아온 뒤 머지않아, 나에게 매우 가깝고 소중한 두 사람에게서 장문의 편지를 받았던 일이 떠올랐다. 발신인은 내 인생에서 가장 중요한 사람들인 여동생 캐럴과 딸아이 섀넌이었다. 두 사람은 이 편지를 보내기 전에 서로 편지 얘기를 한 적이 없었고, 내가 말해준 다음에야 서로의 편지에 관해 알게 되었다. 두 편지 모두 내가 자기들을 대하는 방식에 대한 실망을 말하고 있었다. 내가 얄팍하며 신뢰할 수 없는 사람이라는 것이다. 두 편지의 행간에는 평생토록 신뢰, 감정, 응원, 사랑을 나에게 주었지만 나에게서 거의 아무것도 돌려받지 못한 두 사람의 좌절이 담겨 있었다.

어릴 때는 여동생과 가까웠지만, 세월이 가면서 우리 둘은 차츰 멀어졌다. 캐럴은 언제나 나에게 애정을 구걸해야 했다고 말했다. 30년 동안 누군가와 친구였는데, 어느 날 상대에게서 아무런 애정도 돌려받지 못하고 있음을 깨닫는다고 상상해보라. 동생은 언제나 나한테 먼저 연락해서 안부를 물었고, 그러다가 마침내 괴로워한 것이다.

딸의 편지는 여동생의 편지와 달리 특정한 사건이 계기가 되었다고 생각한다. 어느 휴일 날, 온 가족이 외식을 나가기로 되어 있었다. 나는 전날 밤에 먹고 마시고 노느라 밤을 새운 상태였다. 그래서 식구들이 먼저 집을 나설 때 조금만 이따가 식당에서 만나자고 말했다. 섀넌은 손자를 나와 함께 남겨두기로 했고, 나는 내가 갈 때 아이를 데려가겠다고 말했다. 하지만 나는 손자가 침대에 있다는 사실을 잊어버린 채 혼자서 식당에 나타났다. 섀넌은 내게 손자에 대한 관심이 없다고 느꼈다.

두 편지를 받았을 때 생각했다. '내가 무슨 짓을 했기에 이런 편지를 보냈지?' 이해할 수 없었다. 여동생에 대해서는 '나보고 어쩌란 말이야? 난 바빠. 가족이 있고. 관심을 충분히 보여주지 못했다면 그건 매우 유감이지만 내가 굳이 먼저 전화를 걸지는 않을 거야.' 나는 동생과 딸이 자기들 삶에서 뭔가 다른 불만이 있는 게 틀림없다고, 그 불만을 나한테 꺼내놓는 거라고 결론짓고 말았다. 편지들을 받아 괴로웠지만 내 행동을 바꿀 만큼은 아니었던 것이다.

두 편지의 메시지를 뭉뚱그려 진지하게 받아들이기까지는 10년이 걸렸다. 서류함에서 그 편지들을 꺼내 다시 읽자 우울해졌다. 내게는 죄책감의 타격을 완화시킬 능력이 있었지만, 그렇다고 죄책감을 완전히 떨쳐버릴 수 있는 건 아니었다. 캐럴과 섀넌에게 내가 그 편지를 다시 읽었으며 마침내 의미를 알게 되었다고, 내가 둘에게 얼마나 상처를 주었을지 알겠다고 말했다. 그러자 둘 다 그에 관해서는 걱정하지 말라고 했다. 두 사람은 내가 그냥 그런 사람일 뿐임을 이해하게 되었다고, 그래서 더 이상 언급하지 않아도 된다고 말했다. 나는 그 말을 믿지 않는다. 내가 생각하기에 두 사람은 착하게 굴고 있을 뿐이다.

나는 난생처음으로 자문했다. "도대체 내가 무슨 짓을 저지른 거지?" 그렇다고 절망했던 건 아니다. 내가 아무것도 모른다는 사실을 받아들이려 애썼을 뿐이다. 수십 년에 걸쳐 흩어져 있던 모든 퍼즐 조각이 딱딱 맞아들어가고 있었다. 3분쯤 지나자 또 다른 느낌이 그 자리를 넘겨받았다. 난 나 자신을 인정했다. "관심 없어." 그래, 맞아. "난 관심 없다고." 그 순간 난생처음으로 깨달았다. 모든 사람이 그 모든 세월 동안 줄기차게 나를 향해 암시하다가, 다음엔 속삭이다가, 다음엔 소리치며 했던 말이 사실이었음을 말이다.

| 떠나는 사람과 남은 사람

2011년에 TV와 라디오 출연을 통해 나의 '증세'를 공개한 뒤에도, 사람들이 나를 대하는 방식에는 별다른 차이가 없었다. 몇몇 사람이 이렇게 말했을 뿐이다. "당신이 소시오패시라는 말을 듣고 놀라지 않았어. 눈곱만큼도."

하지만 수재너는 나와 단 둘이 있고 싶지 않다고 말했다. 수재너와 남편 마크는 아직도 항상 나보고 자기네 집으로 놀러 오라고 하지만, 내가 자신들을 조종하지는 않을까 걱정한다.

메리 베스는 나에게 직설적으로 말했다. "전 더는 사이코패스 주위에 있고 싶지 않아요." 그녀는 내 삶에서 영원히 떠난 듯하다. 우리는 한 번도 싸운 적이 없고 그녀에게 해를 끼친 사건도 떠오르지 않는다. 나는 그녀를 잃게 되어 매우 유감이다. 메리는 재미있고 흥미로운 사람이었기 때문이다. 다이앤도 그녀를 좋아했다. 나는 메리의 정직함이 그립다. 그녀가 한 말이라면 무슨 말이든 절대적으로 진실이었고, 이는 그녀의 말이 종종 불쾌하다는 뜻이었다. 정직함은 사람들에게서 참으로 찾기 어려운 품성이다. 그래서 나는 메리가 그립지만, 어쩔 수 없는 일이다.

수재너나 메리와 달리, 다른 사람들은 나에 대한 태도를 전혀 바꾸지 않았다. 놀랍게도 친구와 지인 가운데 마흔 명 정도는 그 어느 때보다도 많은 시간을 나와 함께 보내고 싶어했다. 일부는 '특별한' 친구에 관해 호기심이 동했으리라 추측한다. 나조차도 나의 증세에 대한 그 기분 나쁜 농담들을 일부는 즐길 수 있었으니까.

그래서 남은 결과는, 더 많은 사람이 내 주위에 있고 싶어하지만 소수의 가까운 친구를 잃었다는 것이다. 당신이라면 어느 편을 택하겠는가? 솔직히 나는 차라리 다양한 피상적 관계, 다시 말하면 다다익선을 택하겠다. 그게 옳지 않다는 건 안다. 하지만 그 때문에 행동을 바꾸지는 않을 것이다.

이 '아웃팅 outing'이 직업적 동료들과의 관계에 어떤 영향을 미칠까 하는 것에 관심이 있었는데, 대단한 변화는 없었다. 대부분이 이미 오랜 세월에 걸쳐 나를 꿰뚫어 보고는 내 모습을 받아들인 다음이라서, 나를 전처럼 대하다가 이따금씩 하던 일을 멈추고 그 일을 들먹이며 나를 톡톡히 골려주기만 했다. 나는 아직도 논문을 심사해달라거나 연구비 공동심사위원이 되어달라거나 과학 강연을 해달라는 부탁을 받는 터라, 아마도 나의 직업적 지위는 유지될 것이다. 하지만 단언컨대, 이는 내가 연구에서 부정행위를 저질렀거나 함께 일하는 학생이나 교수나 직원에게 부적절하게 행동한 적이 없었기 때문이다.

가장 가까운 동료이자 친구인 파비오 마치아르디는 나의 모든 결점을 알면서도 나와 함께 일하기를 즐긴다. 그는 나와 정반대로 공감을 잘하는 사람이어서 나에게 어떤 점이 부족한지 잘 알면서도, 나와 즐겁게 지내며 과학적 주제뿐 아니라 음식, 와인, 여행 등 많은 관심사에 대해 이야기한다. 마치아르디는 나를 신뢰하고 사적인 이야기도 나에게 털어놓지만, 엮이지 말아야 할 순간이 언제인지도 잘 안다.

최근에는 친한 친구 레오나르드, 그러니까 나에 관해 거의 모든 걸 아는 정신과의사를 붙들어 앉히고 나의 가장 만성적인 사이코패스적 행동이 뭐냐고 물어보았다. 레오나르드는 내가 삼촌의 장례식, 친구의 결혼식, 졸업식, 바르미츠바, 첫영성체, 초상집 밤샘에 거리낌 없이 불참했던 일을 언급했다. 나는 사람을 죽이지는 않는다. 단지 더 흥미가 있는 다른 파티에 가느라 앞서 말한 그런 행사에 참석하지 않을 뿐이다.

레오나르드는 내가 흥분되는 시간을 '공유'하고 싶다는 이유로 친구와 가족을 심각한 위험에 빠뜨리는 것도 사이코패스의 특성이라고 말했다. 나는 신체적·사회적 위험을 감수하는 나의 행동이 모험심에서 비롯된 건 아니냐고 물었다. 레오나르드는 그럴지도 모르지만 이런 모험을 같이 하는 동안 다른 사람의 안전에 대한 염려가 터무니없이 부족하기에, 그들을 위험에 빠뜨리는 내 행동은 정상의 범위를 한참 벗어난다고 말했다.

레오나르드에게 나의 술버릇이 내가 비정상적으로 행동하는 원인일 수 있느냐고도 물었다. 레오나르드는 내가 재미있는 주정뱅이라는 건 세상이 다 아는 사실임을 상기시켰다. 나는 술만 마셨다

하면, 모든 사람에 대한 공감 점수가 올라갔고, 더군다나 낯선 사람에게도 관대해졌다. 그리고 오늘날까지 알코올은 내가 유일하게 남용하는 약물이다. 비록 담배를 애타게 그리워하지 않고 넘어가는 날 역시 단 하루도 없지만 말이다.

레오나르드와 나는 더 나아가 다른 상황도 살펴보았다. 내가 했던 행동들 중 그가 아는 일부는 여기서 거론하지 않을 것이고, 일부는 내가 무덤까지 가지고 갈 것이다. 하지만 진정으로 그를 충격에 빠트린 한 가지 행동 유형은 여기에서 설명하고자 한다.

나는 레오나르드에게 복수심도 사이코패스적 특성으로 인정되느냐고 물었다. 그는 모든 사람이 모종의 복수를 목표로 움직인다고 말했다. 누군가가 해를 끼칠 때 화를 내는 것은 정상이라면서, 레오나르드는 내게 어떻게 화를 내는지, 어떤 복수를 꿈꾸는지 묘사해보라고 했다.

나는 누가 나를 화나게 해도 즉시 내 분노를 억누를 수 있다고 말했다. 나를 속속들이 아는 이가 아니면 상대방은 내가 자신에게 화가 난 줄을, 어쩌면 내가 격노했다 해도 깨닫지 못할 것이다. 나는 화난 표정을 억누르는 데 도가 튼 사람이다. 하지만 상대가 전혀 예상치 못할 시점에 그에게 복수를 한다. 사람들은 사업적으로든 직업적으로든 개인적으로든 나에게 잘못을 해왔고, 나는 끝끝

내 그들에게 보복을 해왔다. 나한테 복수가 재미있는 이유는 사람들이 자기에게 무슨 일이 일어난 건지를 깨닫지 못하기 때문이다. 나는 내가 당한 원래의 모욕에 비해, 한 치도 더하거나 덜하지 않게끔 세심하게 복수한다. 물론 누구한테든 물리적으로 해를 입히는 데는 관심이 없다.

레오나르드는 나의 설명에 충격을 받은 게 분명했다. 그는 복수를 전략적으로 지연하는 능력이야말로 나의 으뜸가는 사이코패스적 특성이라고 말했다. 나는 더 나쁜 짓들도 한다고 말했지만, 그는 내 면전에서 손을 내저었다. "됐어, 짐. 더는 말할 필요 없어."

나는 내 행동의 다른 측면들이 나의 사이코패스적 특성들을 완화하는 건 아닐까 자문했다. 나는 청소년 시절에 고해성사를 다니던 때를 떠올렸다. 내가 깨달은 것은, 1주일, 1개월, 1년 주기로 신 또는 내 영혼과 화해하려던 그런 시도들이 나의 사이코패시를 부인하려는 조금은 애처로운 시도였다는 사실이다. 마치 그때마다 내 죄를 인정하고 나 자신이나 성직자나 신에게 용서를 구하기만 하면 그 죄를 씻을 수 있을 것처럼. 나는 이 고해하고 회개하고 은총을 구하는 행위가 내 행동을 바꾸지 못할 것이며, 단지 내 행동을 변명하기 위해 실행되는 것임을 알고 있었다. 만일 죄인이란 이런 것이라고 한다면, 모든 사이코패스는 상습범이다. 우리 인간은 일종의 기계여서 순전한 의지력만 가지고 자신을 근본적으로 바꾸지 못한다.

나는 단순히 행동의 줄거리를 바꾸면 피상적으로나마 나 자신을 바꿀 수 있을 거라 여겼다. 이는 자신이 성적으로 문란함을 순순히 인정하는 대신, 자신을 성에 대해 참신하고, 유연하고, 개방적이고, 건강한 사람이라고 말하는 사람과 비슷할 것이다. 하지만 그래 봐야 행동은 조금도 바뀌지 않는다. 내가 떨쳐낼 수 없을 본질적 문제는, 나는 아무리 노력해도 정말로 타인에게 도무지 관심이 없다는 점이다. 그것은 엄연한 사실이다. 내게도 주위 사람들을 행복하게 만들고 싶은 욕구가 있긴 하지만, 그 이유는 그렇게 해야 나 자신의 삶이 더 편안하고 유쾌해지기 때문이다.

| 나는 바뀔 수 있을까?

2011년, 나는 세계과학축전 행사의 일부로 모스Moth 연설을 해달라는 요청을 받았다. 모스는 각계각층의 사람들이 자신의 삶에 관한 이야기를 들려주는 행사다. 나는 이 요청을 기회로 받아들였다. 똑같은 이야기를 하고 또 하는 게 참을 수 없어서 뭔가 다른 말을 하고 싶었다. 당시에는 《월스트리트 저널》 기사를 위한 나의 유전자 연구가 끝난 상태였다. 무언가 새로운 메시지를 던질 준비는 되어 있지만, 이 모스 연설은 해피엔딩이어야 했다. 그래서 나는 나의 행동을 바꾸기 위해, 말하자면 실제로 장례식과 결혼식과 병문안을 가고 곤경에 빠진 친구와 지루한 점심을 했다. 감정적으로 그에게 약간의 힘이 되어주고 공감하는 마음을 갖기 위해 노력하기로 결심한 것이다.

내 행동을 바꾸려는 시도는 실험이나 도전이었다. 나는 어쨌거나 과학자다. 사실은 관심도 없으면서 내가 더 예의 바르게 행동하고 더 많이 공감하는 척 애쓸 수 있을까? 그건 나 자신과 벌이는 시합이었고, 나의 가설은 내가 '올바른' 일을 하는 데 성공할 때마다 옳은 것으로 입증되었다. 기계적이고 얄팍한 일이지만, 그래도 관심이 있었다. 덧붙이자면, 그렇게 하는 게 아마도 내 주위 사람들에 대한 의무일 거라고 생각했다.

그래서 나는 앞서 말한 행동들을 하기 시작했고, 그러기를 오늘날까지 계속해왔다. 하지만 솔직히⋯⋯ 그 안에 나의 진심이 담겨 있는 건 아니다. 그것은 내가 그 일을 할 수 있을까 없을까에 내기를 건 게임에 가까웠고 그 게임이 계속되고 있을 뿐이다. 그러나 나의 편도체와 쾌락주의 회로들을 먹여 살리는 대신 인간적인 행동들을 하는 것만으로도 일시적이나마 시냅스 회로 일부를 강화시킴으로써, 나의 습관들을 사이코패스가 아닌 사람에게 더 적합한 것들로 대체하려고 했고, 그것은 약간은 효과가 있는 듯싶다.

내 주위 사람들, 특히 나와 가까운 사람들은 이 작은 차이들을 알아차린다. 또한 그 안에 진심이 담겨 있지 않다는 것도 안다. 하지만 그다지 개의치 않는다. 맞다. 사람들은 내가 애쓰고 있음을, 자신들과 함께 있고 자신들을 더 공손히 대하고자 노력을 다하고 있으며 광란의 시간을 멀리하고 있음을 이해하는 듯하다.

하지만 내 눈에는 이 모든 보이스카우트 짓거리와 함께 문제들도 생기는 모습이 보인다. 여기 내가 하는 온갖 짓들의 목록이 있다. 부도덕하지도 않고 비윤리적이지도 않지만, 다른 교수한테 술을 먹여 술집 테이블 위에서 춤추게 하는 것 등 확실하게 부적절한 짓들이다. 나는 그런 짓 때문에 사람들한테서 부적절하다는 소리를 듣는다. 하지만 이해가 안 간다. 내가 과연 그런 행동들을 포기할 수 있을지 정말 모르겠다. 수십 년 동안 골초였다가 하루아침에 담배를 끊었고, 1998년 이후로 한 모금도 피우지 않았다. 여덟 번이나 30~45킬로그램을 뺄 수도 있었다(물론 결국은 다시 쪘지만). 하지만 사람들을 조종하는 일을 포기한다고? 맙소사.

글을 쓰는 동안은 내가 그토록 끔찍이 사랑하는 모든 쾌락, 그러니까 진탕 먹고 마시고 놀기와 도박과 인터넷 서핑과 TV 보기와 규칙적으로 완전히 미쳐 날뛰기를 떠나 사회적으로 고립될 수 있었다. 하지만 난 뭔가를 배우고 있다. 그 물질과 활동들은 결코 내가 갈구하는 게 아님을 말이다. 내가 '중독된' 건 이들 활동에 동반되는 쾌감이다. 솔직히 나는 사람들 대부분이 재미없고 지루하다고 느끼지만, 그 광란의 상황에서는 그들 모두가 멋지게 보인다. 이 무절제하고 위험한 활동들의 목적은 남들이 경험하는 게 틀림없는 그 인간적 유대감, 단순하고 순수하고 자연스러운 공감과 공존의 쾌감을 대체하는 뭔가를 얻는 것임이 틀림없다. 지금까지는 가까스로 전환을 견디고 때로는 안전하고 제정신이며 취하지 않고 옷을 입은 상황에서 남들과 함께 있는 것을 즐기는 데까지 접근했다. 하지만 누군가와 많은 시간을 보내며 단순한 기쁨을 즐길 수 있던 때는 한 움큼밖에 되지 않는다.

이 책의 일부는 미국의 산베르나르디노산맥에 있는 친구 래리의 오두막에서 썼고, 일부는 이탈리아 오르타호수가 내려다보이는 중세 마을에 자리한 마치아르디의 본가에서 썼다. 약간의 커피나 술과 더불어 수도사처럼 오래 앉아 있었더니, 요즘은 천식으로 씩씩대지도 않고 그전만큼 신물이 올라오지도 않는다. 심각한 코골기도, 적어도 일시적으로는 멈추었다. 지금은 하룻밤에 네 시간

대신 다섯 시간을 자고 있지만, 나에게는 그다지 좋은 일이 아니다. 나는 깨어 있는 시간에 많은 일을 한다. 그것이 나의 출세에 도움이 됐고, 남들을 이기는 데에도 도움이 됐다. 부정적인 일들도 일어나고 있다. 나는 걸음마를 뗀 이후로 좀체 아픈 적이 없었다. 지금은 전에 없이 혹이 생기고 뾰루지가 나고 쑤시고 아프다. 아마도 오랜 세월에 걸쳐 온갖 유형으로 자기를 남용한 결과 지방에 축적된 독소들이 바야흐로 나의 세포조직 속으로 방출되고 있어서 이겠지만, 정말 이런 일이 재미있거나 근사하지는 않다.

덕분에 나는 당면한 난제로 돌아간다. 나는 어느 시점에 '좋은' 사람이기를 멈춰야 할까? 나는 언제나 나 자신을 좋아했고 지금도 그러하며, 이 시점까지 나의 생애를 철저히 즐겼고, 상황은 수십 년이 지나면서 점점 더 좋아지는 듯하다. 내가 오랜 세월에 걸쳐 앓았던 질병은 나를 더 강하고 더 행복하게 했을 뿐인 것 같다. 나는 이렇게 계속하고 싶은데, 다른 누군가의 행복을 위해 내가 불행해져야 할까?

누가 정색하고, 오프라 윈프리는 비만과의 전쟁에서 끊임없이 패배하니까 의지박약이라고 말해보라. 윈프리는 99.9퍼센트의 사람들보다 의지가 강하다. 하지만 사회, 그녀의 친구, 그녀의 가족은 그녀에게 '의지'를 바라는 게 아니다. 그녀가 경이로운 존재로서 훌륭한 일을 하고 유명할 뿐만 아니라 날씬하기까지를 바란다. 아이고, 사람들아. 그녀는 다른 모든 걸 포기하고 남은 일생 동안 오로지 몸무게에만 집중하지 않는 한, 끊임없이 제자리로 돌아갈 것이다. 모든 행동은, 설사 유전 요소와 후성유전학적 요소의 명령에도 맞서서 개조할 수 있다. 하지만 유전의 명령에 맞서 변화하려면 대개 가장 소중히 보듬고 있는 다른 것을 거의 다 포기해야 한다. 유전자를 알고 생애 초기 스트레스 경험이 인간을 어떻게 개조하는지를 안다고 해서, 우리가 어떤 범주의 사람이 되고 어떤 범주의 성격을 품게 될지를 반드시 예측할 수 있는 건 아니다. 두 요인은 우리에게 일정한 방식으로 존재하고 행동하라고 끊임없이 압력을 행사할 뿐이다.

사이코패스 성향은 유달리 난적이라 치료를 해봐야 별다른 차도가 없을 것이다. 물론 모노아민 신경전달물질계에 영향을 주는 약물로 충동성과 공격성을 얼마간 낮출 수 있고, 식이요법과 약물요법을 포함한 조기 개입으로 행동 문제를 줄일 수도 있긴 하다. 하지만 공감과 가책을 없애는 핵심인 신경생리 결함은 그대로 남는다. 특효약은 없다.

나는 앞으로도 가장 기본적인 규칙들을 무시하는 건 물론, 정부나 교회의 지배광이 우리에게 권하는 모든 것을 무시할 것이다. 종교는 우리가 스스로 소시오패스적 행동을 씻어내고 속죄한 다음 사면을 받아서 새롭고 순수하게 다시 시작하도록 해준다. 과거에는 나도 나의 나쁜 행동을 죄라고 부르곤 했다. 지금은 그저 사이코패스적 행동이라고 부른다. 앞으로 다시는 없애버리거나 죄책감을 느끼지 않을 뭔가라는 말이다.

나는 목적지가 식당이든 스포츠 경기장이든 합법적인 곳에 주차하라는 표지판을 보아도, 계속해서 규칙을 무시할 것이다. 표지판은 그것을 세운 사람에게 도움이 되는 것이지, 우리를 위해 있는 게 아님을 알기 때문이다. 나는 계속 잔디밭 위나 출입문에 가까운 곳에서 주차할 자리를 찾을 것이다. 게을러서도 그렇지만 그렇게 해놓고 도망치는 게 좋아서이기도 하다. 이렇게 법을 우습게 아는 행동은 사실 진지한 의미의 사이코패스적 행동이 아니라 내가 진짜 머저리 아니, 예의 없는 사람들이 나를 부르듯이 개새끼일 수 있다는 징조다.

사이코패시 진단은 어느 정도 문화에 따라 좌우된다. 규칙은 대개 다른 누군가의 편의와 마음의 평화를 위해 창조된다. 그렇다, 나도 내가 사회문제에서 옳고 그름을 판단하는 능력에 나사 몇 개가 빠져 있음을 잘 안다. 생각건대, 나는 지금껏 도덕성을 이해해본 적이 없다. 강박관념에 사로잡혔던 어린 시절과 지나치게 독실했던 나의 10대 초반에 나를 움직였던 건 질서에 대한 욕구였다. 그때도 도덕성을 이해한 건 아니었고, 50년이 지난 지금도 마찬가지일 성싶다. 아무려면 어떤가. 그저 호기심에서라도 시도는 해볼 작정이다.

여기서부터 갈 수 있는 길은 여러 갈래가 있을 것이다. 가까운 사람들에게 더 잘해주고, 결혼식과 장례식과 생일잔치에 얼굴을 비치려고 애쓰는 일이 시작될 것이다. 착하고 바른 행동을 충분히 연습하면 재미와 기쁨에 대한 취향이 다시 조건화되고, 1년이나 3년쯤 지나면 새로운 취향에 익숙해지지 않을까. 이런 말을 할 수 있는 이유는 내가 실제로 다이앤을 위해 또는 다이앤과 함께 뭔가를 하거나, 몇 발짝 더 나아가 예전 같으면 그러지 않았을 때에 다이앤을 돕기 때문이다. 그러고 나면 다이앤이 좋아하는 듯하고 솔직하게 말하자면 이제 나도 기쁘다.

나의 행동 변화는 빠른 시일 내에 시작되어야 한다. 나에게는 '착해진' 친구가 너무나도 많다. 하지만 그들도 나도 알고 있다. 그들은 더 이상 '그것'을 깨울 수가 없을 뿐이라는 것을. 때때로 권태를 물리치고 돼지우리 바깥을 살짝만 엿보라고 속삭이며 우리를 유혹하는 변연계 안의 작은 짐승 말이다. 결연한 시도로 자기 행동의 일부를 바꿀 수 있는 사람들도 있겠지만, 가장 깊은 곳의 유전장치가 조종하는 것은 중독 관련 행동이건 공감의 결여이건 간에 전혀 다른 뭔가다. 나도 남들처럼 내 행동을 바꿀 수 있지만, 파괴적 습관은 1년 뒤건 10년 뒤건 돌아올 것이다. 사이코패스 연쇄살인마조차도 몇 년 동안 살인 욕구에 무너지지 않고 지낼 수 있지만, 어느 시점에는 충동이 그의 모든 것을 제압한다. 나의 충동은 다행히 훨씬 덜 파괴적이어서, 내가 다른 모든 관심사를 누르고 거기에 우선순위를 둔다면 길들일 수 있을 것이다. 그래서 나는 나의 천진한 괴롭힘과 짓궂은 장난으로 인해 생겨날 수 있는 상처를 살펴볼 필요가 있다. 괴롭힐 의도가 없었다 해도 남들의 행복에 끼치는 영향을 보면 볼수록, 그런 행동이 사디즘의 테두리 안으로 들어가기 때문이다.

최근에 어머니는 "짐, 난 널 누구보다도 잘 알아. 네 깊은 곳 어딘가에는 감수성이 예민하고 착한 녀석이 있어"라고 말했다. 어머니가 일찍이 알던 아이는 나의 전전두피질이 감정적 공감과 도덕성을 먼지 구덩이에 버려두고 완전히 인지 모드로 전환하기 이전의 착한 녀석일 것이다. 나도 핼러윈 사탕 주머니를 모아 한밤중에 자선단체의 현관에 떨어뜨리던 꼬마와 10대 소년을 기억하지만, 그 꼬마와 소년은 이제 다른 누구이거나 다른 어딘가에 있다.

나는 때때로 그 꼬마가 성장한 뒤 지금껏 한 많은 일들이 착한 일이었고 아마도 남들에게 유용한 일이었음을 스스로에게 상기시켜야 한다. 내가 낯선 사람에 대한 전반적 유대감을 잃은 적은 한 번도 없었다. 나는 아직도 어려움에 빠져 난데없이 나한테 연락하는 사람들을 도우려 노력한다. 앞으로도 그들에게 돈이든 감사든 뭐든 보답을 요구하지 않을 것이다. 이는 아마도 낯선 사람들에게 그토록 관대하게 베풀었던 아버지와 삼촌과 장인어른에 대한 감사의 표시일 테다. 나는 이타주의를 믿지 않지만(우리가 하는 행동은 모두 다 적어도 약간은 이기적이다) 이 세 사람의 행동은 이타주의의 이상에 접근해 있었다.

몇 가지 행동만큼은 일관성 있게 지켜야 한다는 사실도 잊지 않으려 노력해왔다. 나는 윤리와 도덕성에 대한 내 생각이 아마 사람들 대부분의 생각과 다를 것임을 알고 있다. 나에게 윤리란 행동을 다스리는 한 묶음의 규칙이고 집단이나 사회의 고유한 것이다. 그것을 전전두피질이 배운 다음 복내측피질과 안와피질에게 가르친다. 하지만 도덕성은 타고난다. 아이들은 살인이 옳지 않음을 배울 필요가 없다. 나의 도덕성은 그다지 훌륭하지 않지만, 나에게도 모종의 윤리의식이 있다. 이를테면 대학원 시절 어느 날엔 다가오는 기말고사에 출제될 문제들을 교수 비서의 책상에서 보게 됐다. 나는 내가 시험문제를 알기에 불공평하다고 생각해 시험 보기를 거부했다. 더 젊었을 때는 친구들과 함께 차를 훔치기도 했지만, 우리는 사람을 해칠 생각이 없었고 차를 돌려주었다. 정말이지 그냥 차를 빌린 셈이었다. 난 이따금 젊은 혈기로 친구들과 남의 집에 침입해 거기서 발견한 독주를 퍼마시는 행동 따위에 가담하기도 했다. 하지만 그건 가벼운 치기였고 그게 옳지 않다는 사실은 나도 알고 있었다.

또 한 차례 윤리적 곤경이 찾아온 것은 1990년대 초였다. 다이앤은 연방정부의 독선에 반대하고 연구비 보조 프로그램에도 반대하면서 연방정부가 주는 연구비는 받아도 되느냐고 물었다. 나는 연방정부가 세금을 걷어서 교육과 연구를 지원하는 데는 반대하기에, 내 원칙을 어기면서 이런 식으로 계속 자금을 받을 수는 없었다. 하지만 자금을 받지 않으면 수입이 자그마치 35퍼센트나 줄 것이고, 승진에도 여파가 미치리란 걸 알고 있었다. 하지만 마무리를 지어야 했다. 그래서 그 시점까지 15년 동안 받았던 연방 연구 자금을 그만 받기로 했다.

그래서 남들이야 어찌 보건, 나는 내가 나름의 윤리의식과 도덕성을 가지고 있다고 믿는다.

| 나는 계속 노력할 것이다

인간관계를 위해 해야 할 일이 아직도 많이 남아 있다. 이 점을 사무치게 느낀 건 2013년 봄, 이 책을 마지막으로 손보던 때였다. 나는 기분, 비만, 수면, 공황, 불안과 사이코패시 사이의 잠재적 고리에 관해 최근에 발견한 사실들을 책에 넣고 싶었다. 하지만 이메일로 초고를 받아 본 다이앤은 이렇게 대답했다. "난 도대체 당신이 어떻게 몸무게가 요동치는 이유를 알아낼 수 없었다고 말하는지 이해가 안 돼. 그건 당신이 안 움직이고, 게다가 자지도 않아서잖아. 난 당신이 단순히 '나는 종류를 불문하고 운동을 싫어하며 운동을 하느니 차라리 비만을 택하겠다'라고 말하는 편이 당신 자신한테 그리고 다른 모든 사람한테 더 정직할 거라 생각해."

나는 다이앤의 반응에 진력이 났다. 그동안 유전학, 생리학, 의학에 관해 모든 걸 그녀에게 가르쳤건만 나의 생물학적 설명을 받아들이려 하지 않다니, 실망스러웠다. 다음 순간 나는 물러서서 내가 화가 나는 건 내 안의 무언가가 아직도 빗나가 있다는 표시임을 깨달았다. 아내는 허심탄회하게 나를 도우려 애쓰고 있었고 미몽에서 얼른 깨어나라고 나를 향해 절규하고 있었다.

나는 일찍이 심각한 천식에 걸렸을 때부터 '운동' 하면 호흡곤란을 떠올렸다. 하지만 청년이 되어 약물치료를 시작한 뒤로는 천식 발작의 발병과 공포를 다스릴 수 있었고, 마찬가지로 20대 말에서 30대 사이에는 공황발작을 다스리는 법도 배웠다. 그래서 나한테 는 딱히 운동을 하지 않을 핑계가 없었다. 다이앤의 말이 옳았다. 나는 계속해서 어린애처럼 행동했다.

이 책이 끝나면, 일주일에 몇 번은 수영을 하고 다시 걸으려고 노력할 예정이다. 이것이 아내와 나, 손자들을 위해 내가 할 수 있 는 최소한의 노력이다.

10장

/

사이코패스는
모든 사회에 존재한다

이런 질문을 던져보자. 우리에게는 사이코패스가 필요한가? 그렇다면 성자라든가 록 스타라든가 나쁜 짓을 하지는 않지만 이롭지도 않은 사람들은 필요한가? 이런 질문은 금세 얼빠진 게임이 되어버릴 수 있지만, 고심할 만한 가치는 있다. 반면에 과학자들은 그런 식으로 말하지 않는다. 진화가 종을 창조하고 빚어내는 것이 맞는지, 맞는다면 왜 그런지도 묻지 않는다. 흔히들 진화가 왜 시작되었고 종이 왜 창조되었을지 궁금하겠지만, 이는 본말이 전도된 사고다. 아니, 더 직설적으로 말하자면 마술적 사고나 종교적 사고다. 이런 사고는 가끔 유용할 때도 있지만 과학자에게는 쓸데가 없다. 과학자는 우주의 기본 계획에서 행동의 본질적 목적을 찾는 대신, 이렇게 말하는 편이다. 어떤 조건이 존재했기에 어떤 실재가 발생하고, 특정 유전자가 생존과 번영을 위한 어떤 특성과 연관될 수 있었을까? 간결하게 말하자면 그러한 특성과 그 바탕이 되는 유전자가 진화와 생존에 어떤 이점을 제공할까?

| 어느 집단이든 2퍼센트는 사이코패스다

사이코패스는 모든 사회에 존재한다. 모든 문화권에 사이코패시가 약 2퍼센트의 비율로 실재한다는 사실은, 사이코패시가 또는 최소한 사이코패스에게서 발견되는 특성과 연관되는 대립유전자들이 어떤 식으로든 인류에게 '바람직함'을 시사한다. 아니라면 사이코패시는 진화 과정에서 제거되었거나 적어도 오래전에 그 수가 줄었어야 한다. 나의 '세 다리 의자' 이론으로는 뇌 손상과 어린 시절의 학대도 사이코패시에 일조하니까, 사이코패시는 이 부정적 환경 효과의 불행한 결과일 뿐이라고 생각할지도 모른다. 하지만 그 효과는 진화 역사상 언제나 있었고(부모들은 언제나 자기 아이를 때리거나 팽개쳐왔다) 이미 정해진 조건에서 사이코패시에 한몫하는 유전자가 지속되어온 터라서, 아마도 그 유전자 자체나 유전자와 연관된 사이코패스적 특성이 생존에 유리한 무엇을 제공할 것이 틀림없다.

어쩌면 완전한 사이코패스, 즉 PCL-R 30점 이상 받는 사람들은 그저 통계적 요행 또는 유전학의 카지노에서 주사위를 굴린 결과로, 개별적으로는 생존에 도움이 되는 유전자들을 지나치게 많이 축적하고 있는지도 모른다. 하지만 2퍼센트나 되는 수치를 그런 식으로 이해할 수는 없다. 전사유전자와 같은 특정 유전자의 보급률에는 폭넓은 차이가 있지만, 사이코패스가 2퍼센트라는 수치는 인종을 불문하고 일정하다. 우리는 사이코패스적 특성이 개체와 집단에 유리한 이유를 진화적 관점에서 고려해야 한다.

인간의 자연스러운 상태는 평화, 화합, 이타주의, 자선행동이라고 주장하는 사람들이 있다. 하지만 인간의 역사에서 실제로 두드러지는 것은 폭력, 잔학함, 탐욕, 전쟁이다. 그래서 인간은 상냥하고 너그럽고 평화로워 보일 때조차 기본적으로 이기적이고 탐욕스럽고 폭력적이다. 많은 사람은 단지 잘 살아나가고 호감과 인정과 사랑을 얻으려 가면을 쓴다. 고립되기를 바라는 사람은 거의 없다. 덕분에 우리는 이기적으로 섹스와 자원을 좇으면서도 이를 숨긴다. 공동체와 유전자 풀에서 쫓겨나지 않도록 노력하는 것이다.

도덕적인 사람들 대부분은 자기 생각과 감정을 숨기지 못한다. 그런 사람들의 포커 실력은 형편없다. 하지만 사이코패스는 자신의 의도를 숨기는 데 도사다. 상대의 경계를 풀게 하고 거짓말을 하면서도 냉정을 유지한다. 감정을 느끼는 방식이 보통의 사람들과 다르기 때문이다. 차가운 인지 능력이 뜨거운 감정 인지 능력을 압도하기 때문에, 엄청난 거짓말을 한 뒤에도 결코 죄책감이나 가책의 기미를 내보이지 않는다.

사이코패스가 불안을 못 느끼는 점은 다른 면에서 이롭다. 스테로이드 호르몬의 일종인 코르티솔은 전신을 돌아다니며 스트레스 반응을 일으킨다. 당, 지방, 단백질 대사를 유도하고 면역계를 억제해서, 병에 대한 저항력을 떨어뜨린다. 사이코패스처럼 날 때부터 스트레스가 적은 사람들은 면역계가 항상 최고 효율로 작동하는 터라 평생 병의 대부분을 피할 수 있다. 그래서 사이코패스는 이론적으로 다른 사람들을 조종해 자신이 원하는 것을 얻으며 장수할 수 있다.

게다가 유명한 사이코패스는 짝을 찾는 데도 선수다. 감옥 밖에서 살인자가 풀려나기를 기다리는 여자들은 언제나 찾아볼 수 있다. 사이코패스는 파트너에게 애정을 쏟는 데 능숙하고, 파트너는 흔히 거짓말을 듣고 싶어한다. 사이코패스는 많은 사람이 원하는 무조건적 사랑과 헌신을 가장할 수 있다. 지속적인 관심은 마약과도 같다. 여성들은 그 쾌감을 얻으려고 일정량의 고통을 견딘다.

가족, 특히 어머니와 아내가 사이코패스를 용인하는 이유는 자기가 그를 바꿀 수 있다고 생각하기 때문이다. 물론 그는 절대로 바뀌지 않는다. 이런 사실에 놀랐는가. 이는 마치 난교 파티에서 만난 여자와 결혼한 남자가 2년 뒤 다른 사람과 자고 있는 자기 아내를 보고 깜짝 놀라는 일과도 같다. 누구나 자기가 다른 사람의 행동과 운명을 좌우할 수 있다고 생각한다. "나는 그와 특별한 관계라서 그의 안에 있는 선한 사람을 볼 수 있어. 난 그가 착한 남자라는 걸 알아." 사이코패스는 사람들에게 특별한 느낌을 주는 법을 알고 있다. 사람을 끌어들여 낚은 다음, 구타하고 굴욕을 준 뒤 "사랑해"란 말을 덧붙이는 경우도 있다. 가족들은 이렇게 말할 것이다. "그도 어쩔 수가 없는 거예요. 나도 그의 내면에 짐승이 있는 줄은 알지만, 나는 그를 다룰 수 있어요." 그래서 아내와 어머니는 그를 감싼다.

주위에 사이코패스가 있다면 우리는 어떻게 행동해야 할까? 어떻게든 취약해 보이면 안 된다. 잠시 마주칠 뿐이라면, 엮이지 말라. 미소만 짓고 걸어가버려라. 파티에 참석한 100명 중에는 아마도 한두 명의 사이코패스가 다른 사람의 약점을 찾고 있을 것이다. 이미 교제 중이라면, 상대방을 주의 깊게 지켜보고 그 사람의 기묘한 행동을 놓치지 말라. 사이코패스는 취약한 사람을 찾아내 섹스건 돈이건 권력이건 자신들이 구하는 건 뭐든지 얻어낼 것이다. 그러기 위해 그들은 일단 목표물의 상태를 관찰한 다음 취약점을 찾아 상대를 구워삶을 채비를 갖출 것이다. 그런 다음 그 사람과 관계를 맺고 자신을 괜찮은 사람처럼 보이게 해서는 상대를 제압할 것이다. 어떻게 대항해야 할까? 이 사람이 당신한테 사기를 치려고 한다고 사람들에게 말하라. 하지만 조심하라. 소동을 벌이면 안 된다. 그가 보복할 수도 있다. 그는 당신이 상상할 수 없을 만큼 보복을 잘한다.

| 사이코패스가 인류를 존속시킨다

사이코패스 성향을 가진 '개인'이 생존에 유리한 건 분명하다. 하지만 사회적으로는 어떨까? 사이코패스가 사회에 도움을 주는 게 있을까?

사이코패스들은 유능한 지도자일 수 있다. 캘리포니아공과대학교에서 최근 실시한 연구에서는 전사유전자를 가진 사람들이 위험한 상황에서도 결정을 잘 내리는 것으로 드러났다. 보통 사람은 스트레스가 심한 상황에서는 옴짝달싹도 하지 못하는 반면, 사이코패스는 기꺼이 도박을 건다. 불확실한 시기라도 새로운 시장에

진출하거나 군대를 움직이거나 부족을 데리고 산을 넘을 것이다. 그 결과로 그가 맡은 집단은 잘될 수도 있고 그렇지 않을 수도 있다. 하지만 장기적으로 보면, 집단에 모험을 시키는 것이 문명적으로는 이롭다. 그런 도박 중 일부는 성공해서 문명을 진보시킬 것이기 때문이다. 이는 돌연변이의 대부분이 부정적인 결과를 가져오더라도 어떤 돌연변이는 커다란 이익을 주는 것과 같다.

우리에게는 자기도취증이 있는 사람들도 필요하다. 지도자가 되기 위해서는 자기주장이 강해야 하기 때문이다. 대통령이나 장군이나 최고경영자가 되려면 중증의 자기도취증과 대단한 입심과 약간의 허풍이 필요하다.

로버트 헤어는 금융계와 경제계에 많은 사이코패스가, 예를 들어 버니 메이도프 Bernie Madoff (전 나스닥증권거래소 위원장. 신규 투자자의 돈으로 기존 투자자에게 배당을 지급하는 이른바 폰지 사기꾼의 대명사다-옮긴이) 같은 사람들이 활동하고 있다고 봤다. 사업계 안에 사이코패시가 더 많음을 보여주는 강력한 연구는 없었지만, 가설은 합당하다. 이처럼 돈을 관리하는 사기꾼들이 존재하는 유일한 이유는 일반 대중이 빠르고 쉽게 돈을 벌고는 싶은데 위험을 감수할 배짱과 지식은 겸비하고 있지 않기 때문이다. 그래서 자기 대신 메이도프를 비롯한 투자 전문가라는 총잡이를 고용하여 더러운 일을 시킨다. 가장 효과적으로 돈을 버는 사람은 흔히 사이코패스다. 그래서 많은 사람이 자신의 재산을 그들에게 맡긴다. 물론 메이도프와 같은 사람에게 의존해서는 안 된다. 당신을 희생시켜서 이익을 챙길 것이기 때문이다. 그럼에도 우리들 대부분은 장물을 좋아하고 강인하고, 비정한 최고경영자를 사랑하며, 돈을 벌어다주고 보호해주는 터프가이를 사랑한다.

속 편하게 우리 모두가 마음속으로는 약간의 도둑질을 저지른다고 주장할 수도 있다. 또 영리하고 무자비한 사이코패스들을 고용해서 우리가 원하는 걸 얻을 수 있다면 환영이라고 주장할 수도 있다. 당신은 누군가에게 복수하겠다거나 반칙을 써서라도 남보다 앞서겠다는 생각을 품어본 적이 없는가?

내가 아는 최고의 사장들, 포춘 500대 기업의 지도자들은 사이코패스가 아니다. 그들은 아랫사람에게 잘 하는 가정적인 사람들이다. 하지만 내가 같이 일한 적이 있는 더 작은 회사의 최고경영자 일부는 사이코패스다. 아마 그들은 공기업보다는 사기업에 있는 편이 자신의 성향을 감추기 쉬울 것이다. 내가 아는 어떤 투자고문은 일에 관해서는 정말 유능했다. 하지만 그는 기행奇行에 관한 한 갈 데까지 갔다. 심지어는 다른 남자의 여자 친구를 뺏으려고 하다가 그 남자가 결국 자살해버린 일을 뽐내기까지 했다. 이런 사람은 어떤 식으로도 좋아하거나 칭찬하기 힘들다.

저명한 사이코패시 전문가이고 특히 사이코패스 범죄자의 뇌에 조예가 깊은 켄트 키엘이 추산하기로는, 국가가 사이코패시 범죄로 치르는 연간비용은 2011년 기준으로 4,600억 달러다. 그러니까 우울증에 들어가는 비용보다 한 자릿수가 더 크다. 여기에는 기소, 억류, 상해 비용이 포함된다. 하지만 비폭력 사이코패시의 비용까지 넣을 수 있다면, 그 비용은 어마어마해진다. 사이코패스에게 실제로 돈을 아껴주는 장점이 있을까?

혹자는 사이코패스가 매우 낮은 사회비용으로 상벌을 행할 수 있다는 점에서, 덱스터Dexter(미국 TV 드라마 〈덱스터〉의 주인공으로, 경찰의 혈흔 분석가인 동시에 법으로 처벌하지 못하는 사악한 인간을 직접 차단하는 연쇄살인마-옮긴이) 유형의 정의가 경제적으로 수십억 달러를 절약해준다고 항변할 수 있다. 마피아와 갱들은 자기들끼리 죽이는 경향이 있지 않은가? 그들은 잡히는 것도, 사업을 망치는 것도, 부당한 잘못 때문에 남들이 복수를 꿈꾸며 그 자신들에게 대항하는 것도 원하지 않는다. 이는 곧이곧대로 받아들이기는 힘든 논증이지만, 경제만 따진다면 사이코패스들은 행동 스펙트럼의 한쪽 끝에서 사회의 돈을 불태우는 동안 실제로 다른 한쪽 끝에서는 그 돈을 구해내고 있을 것이다.

사이코패스는 강한 전사가 되기도 한다. 인간이라는 종이 생겨난 이후로 끊임없이 서로를 죽여왔음을 볼 때, 인간은 전쟁을 끔찍하게 좋아하거나, 적어도 전쟁이 필요하다고 생각한다. 이러한 본능을 부인하는 것은 무의미하다. 전쟁을 지지한다고 해서 반드시 사이코패스가 되는 건 아니다. 인간은 자신을 지키기 위해서라면 무슨 짓이든, 필요한 경우에 폭력이나 살인도 저지를 것이다. 이는 정상행동이고, 서구사회는 이를 부도덕하게 여기지 않는다.

현대의 인간은 살인률 면에서는 조상들보다 훨씬 덜 폭력적이다. 300만~400만 년 전의 오스트랄로피테쿠스 전사들은 가장 무자비한 살인자였지만, 사람이 사람을 불구로 만들거나 죽이는 비율은 시간이 흐를수록 점점 낮아졌다. 그 이유는 우리의 무기가 곤봉에서 대륙간탄도미사일을 거쳐 무인항공기로 바뀐 데 있을 것이다. 현대인은 그 어느 때보다 전쟁을 피하려고 한다. 전쟁을 벌이면 인류는 멸망할 것이다. 한 개인의 전투력과 무관하게 파멸을 가져오는 장거리 무기가 등장하면서 동맹을 맺고 전쟁을 저지할 필요가 생겼다. 그렇게 하지 않으면 전면전이 일어나자마자 파국으로 치달았을 것이다. 이 말을 듣고 겁을 먹었다면 내가 아는 군인들은 전투의 총비용을 이해하기 때문에 지금껏 만나본 누구보다도 열렬하게 전쟁에 반대한다는 점을 말하고 싶다.

가장 유능한 전사와 싸움꾼은 감정을 행동과 분리하는 사람들이다. 훌륭한 병사는 사람들을 죽이려 애쓸 뿐, 방아쇠 당기기를 겁내지도 않고 거기서 쾌감을 얻지도 않는다. 병사는 목표물이 진짜라고 판단되면 편견이나 감정 없이 그 목표물에 달려들 수 있어야 한다. 이는 평소라면 사이코패스적 행동으로 여겨질 수 있겠지만, 생사를 가르는 교전 중에는 매우 유용한 행동이다.

또한 사이코패스는 전투에서 살아남을 확률이 높고 일단 집으로 돌아와서도 외상후스트레스장애를 겪을 위험도가 낮다. 나는 군 두뇌 집단의 자문을 해주는 일도 하기 때문에 병사들의 효율을 최대화하는 동시에 외상후스트레스장애나 자살 위험을 줄이는 방법을 찾고 있다. 아마 감정이 무딘 사람일수록 이런 종류의 외상을 경험할 가능성도 낮을 것이다. 그러나 사이코패스들을 전쟁에 불러들이는 데에는 문제가 있다. 군대는 병사들이 유능한 팀원이 되어 소속 부대와 연대감을 가지고 적에 맞서야 하기를 그리고 집단을 위해서도 싸울 수 있기를 원하는 집단이다.

퇴역한 육군 대령이고 노련한 전사인 잭 프라이어는 내게, 자기는 전투 본능을 자연스럽게 켜거나 끌 수 있다고 했다. 베트남에서 그가 마지막으로 수행한 임무는 대량 학살이었다. 프라이어는 다른 친구 한 명과 함께 임무를 마친 뒤 끌어올려저 헬리콥터를 타고 다낭으로 후송되었다가 마침내 샌프란시스코 고향행 비행기를 탔다. 그리고 비행기에서 식사를 하다가 자기 몸이 온통 뇌와 피로 범벅이라는 걸 발견했다.

그토록 효과적인 온오프 스위치를 전설의 이종격투기 선수 호이스 그레이시Royce Gracie나 잭 프라이어 이외의 싸움꾼들에게서 찾아낼 수 있을까? 한 가지 선택지는 경두개자기자극transcranial magnetic stimulation, TMS을 써서 인공적으로 스위치를 작동시키는 것이다. 집속 전자기 코일을 헬멧에 집어넣으면 문자 그대로 스위치를 껐다 켰다 하면서 모드를 바꿀 수 있을지도 모른다. '오프: 사교적 모드' '온: 살인자 모드'.

나쁜 남자에게는 귀엽고, 매력적이고, 섹시한 뭔가가 있다고 여자들은 흔히 말한다. 문제는 결혼 전에는 성적 매력이었던 남자의 그 무엇이 나중에는 이혼하고 싶은 사유가 될 거라는 점이다. 터무니없게 들리겠지만, 우리 중 다수는 사이코패스를 원한다. 사이코패스가 제공할 수 있는 흥분, 그들이 저지르는 위험한 폭력을 선망하고 즐긴다. 영화 〈애널라이즈 디스Analyze This〉의 로버트 드니로부터 〈좋은 친구들Goodfellas〉의 조 페시, 〈다크 나이트The Dark Knight〉의 히스 레저에 이르기까지, 사이코패스는 대중문화에서 낭만적 영웅이 되었다. 어쩌면 통제된 2차원 영화라는 환경 안에서 이런 인물들이 두려워하고 사랑할 수 있는 덕분에 우리가 그 공포를 감당하는지도 모른다.

때때로 인간은 자신의 삶에서 무모함을 맛보고 싶어한다. 사람들은 사회적으로든 다른 면에서든 안전한 일상에서 도망친 다음 자신이 대단한 일을 해냈다고 말하고 싶어하는 경향이 있다. 높은 산을 오르거나 거친 바다에서 헤엄치는 사람이 그렇듯이, 자신의 능력을 느끼고 싶어한다. 주위에 사이코패스가 있으면 좋은 점이 바로 그것이다. 그가 사람들에게 그런 기회를 제공할 것이다. 사이코패스 친구는 당신이 원하는 온갖 어려움에 빠지도록 당신을 이끌어주고 당신이 덜미가 잡혀도 당신을 감춰줄 것이다. 최소한 나는 그렇게 한다.

내가 수시로 사람들을 위험에 빠뜨렸다는 이야기는 이미 했다. 하지만 나는 아무도 죽이거나 해치고 싶지 않다. 도둑질이나 거짓말도 좋아하지 않는다. 그건 패자들이나 하는 짓이다. 그런 걸 해야 한다면, 사이코패스로서는 실격이다. 폭력은 재미를 사라지게 한다. 당신이 "이봐, 짐. 차를 몰고 멕시코에 가서 코요테를 몇 마리 잡은 다음 이것, 저것, 기타 등등을 하고 싶어"라고 말한다면, 당신을 거기에 데려갈 수 있는 사람일 뿐이다. 나는 깡패가 아니다.

그래서 나의 친구와 동료들은 나에게 뒷골목 술집에 자신들을 데려가달라고 부탁한다. 군자인 척하는 50세의 국립과학원 회원조차 한 번씩 광란의 밤을 보내고 싶어한다. 그들은 나 때문에 테이블 위에서 춤을 출지도 모르고 또 창피하게 느낄지도 모르지만, 대개는 자기가 그걸 해냈다고 기뻐한다.

| 올바른 양육이 필요하다

인간의 유전적 가변성(유전체와 전사체transcriptome의 고차원성) 때문에 유전 및 행동 스펙트럼의 맨 끝에 자리하는 사람들은 생겨나기 마련이다. 이들은 개인적으로 약점이 상당해서 병에 잘 걸릴 수도 있지만, 동시에 지능이 대단할 수도 있다. 온갖 조합의 강점과 약점이 집단에 나타나면, 각자가 도움도 받고 피해도 받을 뿐만 아니라 집단이 커질 수 있다. 집단 다양성으로 인해 어떤 극단적 역병, 기후변화, 총력전에도 우리 가운데 최소한 일부는 살아남을 것이다. 그러니 이 스펙트럼 끝자락의 사이코패스들은 평화로운 시기에는 포식자나 기회주의적 기생충처럼 보이지만 위험한 시기에는 궁지에서 벗어나 번식을 계속할 수 있는 이들이다. 비록 인간이 존재하는 한 유전자 풀에 사이코패스의 특성들이 간직된다는 대가를 치르겠지만 말이다.

그래서 내가 사이코패스냐고? 단적으로 답하자면 '아니올시다'.

그보다는 친사회적 사이코패스라는 말이 더 나은 답이다. 나는 PCL-R에서 대인관계 특성(피상적이고, 과대망상증이 있고, 기만적이다), 정서 특성(가책도 공감도 하지 않는다), 행동 특성(충동적이고 무책임하다)을 포함한 많은 항목에 해당된다. 하지만 반사회 특성은 보이지 않는다. 분노를 조절할 줄 알고 전과도 없다.

그렇지만 나는 운 좋은 사이코패스라는 편이 가장 정확한 답일 성싶다. 친절하고 자애로운 아버지와 통찰력 있는 어머니가 일찍부터 아들에게 문제가 있음을 알아보고 아들을 잘 이끌어주었기 때문이다. 어머니가 내게서 눈을 떼지 않는 동안 나는 역경을 헤쳐나갔다. 2013년 늦겨울, 어머니가 나에게 물었다. "도대체 자서전 하나 쓰는 데 얼마나 걸리는 게냐?" 나는 이렇게 답했다. "엄마, 난 지금 내 자서전이 아니라 엄마의 자서전을 쓰고 있는 거예요." 어머니는 대번에 알아들었다. 내 정체성의 많은 부분은 어머니가 나를 기른 방식에서 왔다. 나의 이야기는 나에 관한 이야기인 동시에 어머니됨과 아버지됨과 부모됨과 양육 방식에 관한 이야기이기도 하다.

60대에 시작한 뜻하지 않은 순례를 통해 발견한 것은 5년 전만

해도 내가 믿지 않았던 뭔가다. 태어날 때 자연이 나누어준 형편없는 카드 한 벌을 올바른 양육으로 극복할 수 있다는 것. 지금까지 책을 읽었다면 눈치챘겠지만, 나는 결코 천사가 아니다. 하지만 훨씬 더 나쁜 모습으로 성장할 수도 있었다.

　나는 사이코패시와 그 유전자를 사회에서 제거해야 한다고 생각하지 않는다. 그렇게 해버리면 인류는 결국 사라질 것이다. 우리는 사이코패스의 특성을 가진 사람들을 생애 초기에 확인하고 그들이 어려움에 빠지지 않도록 지켜주어야 한다. 공감에 서툴고 공격성이 강한 사람들도 잘만 다루면 긍정적인 영향을 미칠 수 있다. 물론 그들은 나처럼 가족과 친구들에게 스트레스를 줄지도 모른다. 하지만 거시적 수준에서는 사회에 보탬이 된다. 나는 사이코패시 스펙트럼상에도 골프처럼 스위트스폿이 있다고 믿는다. PCL-R로 25~30점인 사람들은 위험하지만, 20점 언저리의 사람들은 사회에 필수적이다. 대담하고 활기차고 인류의 생동감과 적응력을 지켜주는, 나와 같은 사람들 말이다.

참고문헌

- Aharoni, Eyal, Chadd Funk, Walter Sinnott-Armstrong, and Michael Gazzaniga. "Can neurological evidence help courts assess criminal responsibility? Lessons from law and neuroscience." *Annals of the New York Academy of Sciences* 1124, no. 1 (2008): 145–160.

- Alicke, Mark D., and Olesya Govorun. "The better-than-average effect," in *The Self in Social Judgment*, ed. Mark D. Alicke et al. New York: Psychology Press, 2005, 85.

- Babiak, Paul, and Robert D. Hare. *Snakes in Suits: When Psychopaths Go to Work.* New York: HarperBusiness, 2006.

- Beaver, Kevin M., Matt DeLisi, Michael G. Vaughn, and J. C. Barnes. "Monoamine oxidase A genotype is associated with gang membership and weapon use." *Comprehensive Psychiatry* 51, no. 2 (2010): 130–134.

- Brunner, Han G., M. Nelen, X. O. Breakefield, H. H. Ropers, and B. A. Van Oost. "Abnormal behavior associated with a point mutation in the structural gene for monoamine oxidase A." *Science* 262, no. 5133(1993): 578–580.

- Buckholtz, Joshua W., Michael T. Treadway, Ronald L. Cowan, Neil D. Woodward, Stephen D. Benning, Rui Li, M. Sib Ansari, et al. "Mesolimbic dopamine reward system hypersensitivity in individuals with psychopathic traits." *Nature Neuroscience* 13, no. 4 (2010): 419–421.

- Carr, Laurie, Marco Iacoboni, Marie-Charlotte Dubeau, John C. Mazziotta, and Gian Luigi Lenzi. "Neural mechanisms of empathy in humans: A relay from neural systems for imitation to limbic areas." *Proceedings of the National Academy of Sciences* 100, no. 9 (2003): 5497–5502.

- Caspi, Avshalom, Joseph McClay, Terrie E. Moffitt, Jonathan Mill, Judy Martin, Ian W. Craig, Alan Taylor, and Richie Poulton. "Role of genotype in the cycle of violence in maltreated children." *Science* 297, no. 5582 (2002): 851–854.

- Chakrabarti, Bhismadev, and Simon Baron-Cohen. "Genes related to autistic traits and empathy." *From DNA to Social Cognition* (2011): 19–36.

- Craddock, Nick, and Liz Forty. "Genetics of affective (mood) disorders." *European Journal of Human Genetics* 14, no. 6 (2006): 660–668.

- Craig, Ian W., and Kelly E. Halton. "Genetics of human aggressive behaviour." *Human Genetics* 126, no. 1 (2009): 101–113.

- Decety, Jean, Kalina J. Michalska, and Katherine D. Kinzler. "The contribution of emotion and cognition to moral sensitivity: A neurodevelopmental study." *Cerebral Cortex* 22, no. 1 (2012): 209–220.

- Fallon, James H. "Neuroanatomical background to understanding the brain of the young psychopath." *Ohio State Journal of Criminal Law* 3 (2005): 341.

- Fingelkurts, Alexander A., and Andrew A. Fingelkurts. "Is our brain hardwired to produce God, or is our brain hardwired to perceive God? A systematic review on the role of the brain in mediating religious experience." *Cognitive Processing* 10, no. 4 (2009): 293–326.

- Forth, A. E., and F. Tobin. "Psychopathy and young offenders: Rates of childhood maltreatment." *Forum for Corrections Research*, vol. 7(1995): 20–27.

- Frydman, Cary, Colin Camerer, Peter Bossaerts, and Antonio Rangel. "MAOA-L carriers are better at making optimal financial decisions under risk." *Proceedings of the Royal Society B: Biological Sciences* 278, no. 1714 (2011): 2053–2059.

- Gao, Yu, and Adrian Raine. "Successful and unsuccessful psychopaths: A neurobiological model." *Behavioral Sciences & the Law* 28, no. 2(2010): 194–210.

- Gläscher, Jan, Ralph Adolphs, Hanna Damasio, Antoine Bechara, David Rudrauf, Matthew Calamia, Lynn K. Paul, and Daniel

Tranel. "Lesion mapping of cognitive control and value-based decision making in the prefrontal cortex." *Proceedings of the National Academy of Sciences* 109, no. 36 (2012): 14681–14686.

- Guo, Guang, Xiao-Ming Ou, Michael Roettger, and Jean C. Shih. "The VNTR 2 repeat in MAOA and delinquent behavior in adolescence and young adulthood: Associations and MAOA promoter activity." *European Journal of Human Genetics* 16, no. 5 (2008): 626–634.

- Hare, Robert D., and Hans Vertommen. *The Hare Psychopathy Checklist—Revised*. Toronto: Multi-Health Systems, 2003.

- Insel, Thomas R. "The challenge of translation in social neuroscience: a review of oxytocin, vasopressin, and affiliative behavior." *Neuron* 65, no. 6 (2010): 768.

- Kim-Cohen, Julia, Avshalom Caspi, Alan Taylor, Benjamin Williams, Rhiannon Newcombe, Ian W. Craig, and Terrie E. Moffitt. "MAOA, maltreatment, and gene-environment interaction predicting children's mental health: New evidence and a meta-analysis." *Molecular Psychiatry* 11, no. 10 (2006): 903–913.

- Kirsch, Peter, Christine Esslinger, Qiang Chen, Daniela Mier, Stefanie Lis, Sarina Siddhanti, Harald Gruppe, Venkata S. Mattay, Bernd Gallhofer, and Andreas Meyer-Lindenberg. "Oxytocin modulates neural circuitry for social cognition and fear in humans." *The Journal of Neuroscience* 25, no. 49 (2005): 11489–

11493.

- Koenigs, Michael, Liane Young, Ralph Adolphs, Daniel Tranel, Fiery Cushman, Marc Hauser, and Antonio Damasio. "Damage to the prefrontal corte increases utilitarian moral judgements." *Nature* 446, no. 7138 (2007): 908–911.

- Laland, Kevin N., John Odling-Smee, and Sean Myles. "How culture shaped the human genome: Bringing genetics and the human sciences together." *Nature Reviews Genetics* 11, no. 2 (2010): 137–148.

- Macdonald, John M. "The threat to kill." *American Journal of Psychiatry* 120, no. 2 (1963): 125–130.

- McDermott, Rose, Dustin Tingley, Jonathan Cowden, Giovanni Frazzetto, and Dominic D. P. Johnson. "Monoamine oxidase A gene (MAOA) predicts behavioral aggression following provocation." *Proceedings of the National Academy of Sciences* 106, no. 7 (2009): 2118–2123.

- McEwen, Bruce S. "Understanding the potency of stressful early life experiences on brain and body function." *Metabolism* 57 (2008): S11–S15.

- Meyer-Lindenberg, Andreas, Joshua W. Buckholtz, Bhaskar Kolachana, Ahmad R. Hariri, Lukas Pezawas, Giuseppe Blasi, Ashley Wabnitz, et al. "Neural mechanisms of genetic risk for impulsivity and violence in humans." *Proceedings of the National*

Academy of Sciences 103, no. 16 (2006): 6269–6274.

- Murrough, James W., and Dennis S. Charney. "The serotonin transporter and emotionality: Risk, resilience, and new therapeutic opportunities." *Biological Psychiatry* 69, no. 6 (2011): 510–512.

- Nordquist, Niklas, and Lars Oreland. "Serotonin, genetic variability, behaviour, and psychiatric disorders—a review." *Upsala Journal of Medical Sciences* 115, no. 1 (2010): 2–10.

- Polanczyk, Guilherme, Avshalom Caspi, Benjamin Williams, Thomas S. Price, Andrea Danese, Karen Sugden, Rudolf Uher, Richie Poulton, and Terrie E. Moffitt. "Protective effect of CRHR1 gene variants on the development of adult depression following childhood maltreatment: Replication and extension." *Archives of General Psychiatry* 66, no. 9 (2009): 978.

- Potkin, Steven G., Jessica A. Turner, Guia Guffanti, Anita Lakatos, James H. Fallon, Dana D. Nguyen, Daniel Mathalon, Judith Ford, John Lauriello, and Fabio Macciardi. "A genome-wide association study of schizophrenia using brain activation as a quantitative phenotype." *Schizophrenia Bulletin* 35, no. 1 (2009): 96–108.

- Raine, Adrian. "From genes to brain to antisocial behavior." *Current Directions in Psychological Science* 17, no. 5 (2008): 323–328.

- Rosell, Daniel R., Judy L. Thompson, Mark Slifstein, Xiaoyan Xu, W. Gordon Frankle, Antonia S. New, Marianne Goodman, et al.

"Increased serotonin 2A receptor availability in the orbitofrontal cortex of physically aggressive personality disordered patients." *Biological Psychiatry* 67, no. 12 (2010): 1154–1162.

- Saxe, Rebecca, and Anna Wexler. "Making sense of another mind: The role of the right temporo-parietal junction." *Neuropsychologia* 43, no. 10 (2005): 1391–1399.

- Shirtcliff, Elizabeth A., Michael J. Vitacco, Alexander R. Graf, Andrew J. Gostisha, Jenna L. Merz, and Carolyn Zahn-Waxler. "Neurobiology of empathy and callousness: Implications for the development of antisocial behavior." *Behavioral Sciences & the Law* 27, no. 2 (2009): 137–171.

- Skeem, Jennifer L., and David J. Cooke. "Is criminal behavior a central component of psychopathy? Conceptual directions for resolving the debate." *Psychological Assessment* 22, no. 2 (2010): 433.

- Tsankova, Nadia, William Renthal, Arvind Kumar, and Eric J. Nestler. "Epigenetic regulation in psychiatric disorders." *Nature Reviews Neuroscience* 8, no. 5 (2007): 355–367.

- Vitacco, Michael J., Craig S. Neumann, and Rebecca L. Jackson. "Testing a four-factor model of psychopathy and its association with ethnicity, gender, intelligence, and violence." *Journal of Consulting and Clinical Psychology* 73, no. 3 (2005): 466.

- Wallinius, Märta, Thomas Nilsson, Bjorn Hofvander, Henrik Anc karsater, and Gunilla Stalenheim. "Facets of psychopathy among mentally disordered offenders: Clinical comorbidity patterns and prediction of violent and criminal behavior." *Psychiatry Research* 198, no. 2 (2012): 279–284.

- Zak, Paul J. "The physiology of moral sentiments." *Journal of Economic Behavior & Organization* 77, no. 1 (2011): 53–65.

참고할 만한 동영상

- Discovery Channel's *Curiosity*: "How Evil Are You?" (Eli Roth segment) http://www.youtube.com/watch?v=V5UvF5YhX8M

- Discovery Channel's *Through the Wormhole*: "Can We Eliminate Evil?" https://www.youtube.com/watch?v=Hqb8C9PTcoc. *The Moth Radio Hour*: "Confessions of a Pro-Social Psychopath" http://worldsciencefestival.com/videos/moth_confessions_of_a_ pro_social_psychopath

- *NOVA*: "Can Science Stop Crime?" http://www.pbs.org/wgbh/ nova/tech/can-science-stop-crime.html

- *Oslo Freedom Forum:* "The Mind of a Dictator" http://www. psychologytoday.com/blog/engineering-the-brain/201106/the-mind-dictator

- *ReasonTV:* "Three Ingredients for Murder" http://reason.com/ blog/2010/08/19/reasontv-three-ingredients-for

- *TED:* "Exploring the Mind of a Killer" http://www.ted.com/talks/ jim_fallon_exploring_the_mind_of_a_killer.html

- *World Science Festival:* "Madness Redefined" http:// worldsciencefestival.com/webcasts/madness_redefined

찾아보기

사이코패스 뇌과학자

초판 발행 · 2015년 3월 13일
개정판 1쇄 발행 · 2020년 9월 23일
개정판 9쇄 발행 · 2024년 5월 31일

지은이 · 제임스 팰런
옮긴이 · 김미선
발행인 · 이종원
발행처 · (주)도서출판 길벗
브랜드 · 더퀘스트
출판사 등록일 · 1990년 12월 24일
주소 · 서울시 마포구 월드컵로 10길 56(서교동)
대표전화 · 02)332-0931 | **팩스** · 02)323-0586
홈페이지 · www.gilbut.co.kr | **이메일** · gilbut@gilbut.co.kr
대량구매 및 납품 문의 · 02) 330-9708

책임편집 · 안아람(an_an3165@gilbut.co.kr) | **제작** · 이준호, 손일순, 이진혁
마케팅 · 한준희, 김선영 | **영업관리** · 김명자, 심선숙 | **독자지원** · 윤정아

디자인 · 정현주 | **CTP 출력 인쇄 제본** · 예림인쇄 및 예림바인딩

ISBN 979-11-6521-277-3 03400
(길벗 도서번호 040141)

정가 16,000원

※ 이 책은 2015년에 출간한 《괴물의 심연》을 재출간한 것입니다.

독자의 1초까지 아껴주는 정성 길벗출판사
(주)도서출판 길벗 | IT실용, IT/일반 수험서, 경제경영, 인문교양 · 비즈니스(더퀘스트), 취미실용, 자녀교육 **www.gilbut.co.kr**
길벗이지톡 | 어학단행본, 어학수험서 **www.gilbut.co.kr**
길벗스쿨 | 국어학습, 수학학습, 어린이교양, 주니어 어학학습, 교과서 **www.gilbutschool.co.kr**

페이스북 **www.facebook.com/thequestzigy**
네이버 포스트 **post.naver.com/thequestbook**